ゼロからはじめる
シーケンス制御

熊谷英樹 著

日刊工業新聞社

まえがき

―PLC制御のテクニックを学ぶ―

シーケンス制御をやさしく勉強する方法はないのか。そのような声にこたえられることを目指して本書を執筆しました。

シーケンス制御は難しくありません。例えば，PLC（Programmable Logic Controller，プログラマブルコントローラまたはシーケンサともいう）につないだランプをつけたりモータを回すだけなら，PLCを使った経験がなくても，多少制御をかじったことがある人なら，ものの数時間の勉強でプログラムを作ることができるようになるでしょう。ところが，少し回路が入り組んでくると途端に難しくなり，お手上げになってしまいます。これは，簡単な制御では，蛇口をひねると水が出るとか，スイッチを押すとテレビがつくといったような，日常的な論理思考に似た制御方法が通用するのに対して，入り組んだ回路は順序制御（シーケンス制御）という独特な考え方をしなくてはならないからです。

それにもかかわらず，制御技術者はいとも簡単に，シーケンス制御をPLCのプログラムとして記述して機械を動かしています。PLC制御技術者は，個人個人で経験的に覚えてきた方法でプログラミングをして機械制御をしていると思われがちですが，プログラムを解析してみますと，それぞれに共通したテクニックをつかって構成されていることが分かります。その方法を学べば，初心者でも上手にプログラムを作ることができるようになります。

本書では，正しいPLC制御を早くマスターしたい人のために，PLCの構造やシーケンスプログラムをつくるテクニックを複数の視点から具体例をまじえながらやさしく解説しました。

―本書の構成―

本書は現場のエンジニアはもとより，シーケンス制御の教科書として工業系の学校においても広く使えるように，図や例題を数多く取り入れました。PLCは機械システムを動作させるために使われる制御装置で，PLCを使った制御をマスターするためにはプログラムの方法だけでなく，ハードウェアの知識も必要になります。本書ではそのような知識をまとめて，初心者でも順序を追って学習できるように構成してあります。

第1編ではシーケンス制御のための基礎とPLCのハードウェアを中心にした，PLC制御に必要な基本的な知識を学べるような構成としてあります。まず，シーケンス制御の基本であるリレー回路にはじまって，PLCのハードウェアや入出力機器の接続方法などについて例題をまじえながら解説しました。機械システムの特徴やPLCとの接続方法はプ

まえがき

ログラムの構造と密接に関連している欠かせない知識です。

　第2編ではPLCの内部での演算の仕組みやプログラムを作る上での重要な考え方を学習し，ラダー図から機械動作を読み取る方法や，シーケンス制御プログラムを作るときの理論を身に付けられるようにしました。また，他の解説書には見られないような，PLC内部でどのような演算が行われているかといった情報が盛り込まれています。PLC内部での演算方法を知っていることはプログラムの解析や開発のときの強力な武器になるはずです。

　第3編では複雑な動作でも確実に完成するようなラダー図を作るテクニックを紹介します。PLC制御技術者がどのような方法を使ってプログラミングしているかなどについて詳しく解説しました。

　なお，本書に掲載した実験には㈱新興技術研究所製"メカトロニクス技術実習システム"MM-3000シリーズを利用しました。

　本書は著者の自動機の生産現場での経験や制御技術の講師経験にもとづき，大学の研究会で頂いた意見などを参考にして，学生や初心者にもわかりやすい実用的な技術書にするよう心がけて執筆しました。本書が有効に活用されて，制御技術者の育成や制御技術の発展に寄与できれば幸いです。

2001年7月

熊谷　英樹

目　次

まえがき

第1編　ハードウェアの基礎

第1章　シーケンス制御のための電気回路 …………………………………… 2
1.1　簡単な電気回路 ………………………………………………………… 2
1.2　押ボタンスイッチをつかった電気回路の表現方法 ………………… 2
1.3　リレーの構造 …………………………………………………………… 4
1.4　リレーを使った電気回路の表現方法 ………………………………… 5
1.5　リレーの絶縁性を利用した電気回路 ………………………………… 6
1.6　リレーの自己保持回路 ………………………………………………… 7
1.7　外部接点の表記方法と電気回路 ……………………………………… 8
1.8　外部接点を使ったモータ制御回路 …………………………………… 9
　　　・第1章のまとめと補足 …………………………………………… 10
　　　・理解度テストと演習問題の解答 ………………………………… 12

第2章　PLCの構造とプログラム用リレー ……………………………… 15
2.1　PLCの構造上の種類 …………………………………………………… 15
2.2　パッケージタイプのPLCの特徴 ……………………………………… 16
2.3　ベース装着タイプのPLCの特徴 ……………………………………… 17
2.4　コンポーネントタイプのPLCの特徴 ………………………………… 18
2.5　PLC入出力ユニットのリレー番号 …………………………………… 19
2.6　PLCの構造 ……………………………………………………………… 20
2.7　PLCの入力リレー ……………………………………………………… 22
2.8　PLCの出力リレー ……………………………………………………… 23
2.9　PLCの補助リレーを使ったプログラミング ………………………… 25
2.10　PLCのタイマー ………………………………………………………… 26
2.11　PLCのカウンタ ………………………………………………………… 28
2.12　PLCのリレー接点の接続 ……………………………………………… 30
　　　・第2章のまとめと補足 …………………………………………… 31
　　　・理解度テストと演習問題の解答 ………………………………… 33

目　次

第3章　入力機器の接続方法 ……………………………………………………… 36
- 3.1　PLC 入力ユニット …………………………………………………………… 36
- 3.2　有接点入力機器の接続 ……………………………………………………… 37
- 3.3　無接点入力機器の接続 ……………………………………………………… 38
- 3.4　IC 出力型信号の接続とインターフェイス ………………………………… 40
- 3.5　アナログ計測タイプの入力機器 …………………………………………… 42
- 3.6　アナログ計測タイプの入力機器と PLC の接続 …………………………… 43
  - ・第3章のまとめと補足 …………………………………………………… 45
  - ・理解度テストと演習問題の解答 ………………………………………… 47

第4章　出力機器の接続方法 ……………………………………………………… 49
- 4.1　出力機器の接続 ……………………………………………………………… 49
- 4.2　出力ユニットの種類と接続方法 …………………………………………… 51
- 4.3　ソレノイドバルブと空気圧シリンダの接続 ……………………………… 55
- 4.4　AC モータの接続 …………………………………………………………… 58
- 4.5　実機における PLC の配線 …………………………………………………… 60
  - ・第4章のまとめと補足 …………………………………………………… 66
  - ・理解度テストと演習問題の解答 ………………………………………… 67

第5章　PLC の機種選定と立上げの手順 ………………………………………… 68
- 5.1　制御システムの設計と PLC の選定 ………………………………………… 68
- 5.2　プログラミング用周辺機器の選定 ………………………………………… 70
- 5.3　PLC 立上げまでの手順 ……………………………………………………… 73
  - ・第5章のまとめと補足 …………………………………………………… 83

第2編　プログラミングの基礎

第1章　PLC プログラムの表記方法とプログラミングの基礎 ………………… 86
- 1.1　ラダー図の表現方法 ………………………………………………………… 86
- 1.2　ラダー図に使われる記号の呼称 …………………………………………… 88
- 1.3　ニーモニクでのプログラム表現 …………………………………………… 89
- 1.4　ラダープログラムの演算順序 ……………………………………………… 91
- 1.5　リフレッシュ方式とダイレクト方式 ……………………………………… 93

1.6　ラダープログラム上のリレーの動作 ･････････････････････････････････････ 93
　　1.7　ラダー図の基本回路 ･･･ 97
　　1.8　AND 回路と OR 回路 ･･ 98
　　1.9　ラダー図のプログラミングの制限 ･････････････････････････････････････ 99
　　　　・第 1 章のまとめと補足 ･･･ 101
　　　　・理解度テストと演習問題の解答 ･･････････････････････････････････････ 102

第 2 章　ラダー図による動作とその読み方 ･･ 104
　　2.1　ラダー図を電気回路として読む方法 ･･･････････････････････････････････ 104
　　　　2.1.1　ラダー図と電気回路 ･･ 104
　　　　2.1.2　自己保持回路を電気回路として解く ･････････････････････････････ 105
　　　　2.1.3　一般的な自己保持回路の構造 ･･･････････････････････････････････ 107
　　2.2　ラダー図を論理演算回路として読む方法 ･･･････････････････････････････ 108
　　　　2.2.1　PLC 内部の演算処理 ･･･ 108
　　　　2.2.2　ラダー図の演算（リフレッシュ方式の場合）･･････････････････････ 109
　　　　　　・ラダー図演算事例 ･･ 110
　　　　2.2.3　自己保持回路を演算で解く ･････････････････････････････････････ 115
　　　　・第 2 章のまとめと補足 ･･･ 117
　　　　・理解度テストと演習問題の解答 ･･････････････････････････････････････ 118

第 3 編　ラダー図の作成テクニック

第 1 章　ラダー図のための 5 種類のプログラミング手法 ････････････････････････････ 122
　　1.1　5 種類のプログラミング手法 ･･･ 122
　　　　▷ラダー図作成手法 1「タイムチャートによる手法」･･･････････････････ 125
　　　　▷ラダー図作成手法 2「タイミングテーブルによる手法」･･････････････ 127
　　　　▷ラダー図作成手法 3「フローチャートと出力のセットリセットによる手法」
　　　　　･･ 129
　　　　▷ラダー図作成手法 4「行程歩進による手法」･････････････････････････ 130
　　　　▷ラダー図作成手法 5「状態遷移図による手法」･･･････････････････････ 134
　　　　・第 1 章のまとめと補足 ･･･ 138
　　　　・理解度テストと演習問題の解答 ･･････････････････････････････････････ 139

v

目　次

第2章　フローチャートと状態遷移方式のプログラミング …………………… 142
2.1　フローチャートと状態遷移図の関係 ………………………………… 142
2.2　フローチャートからラダー図をつくる ……………………………… 143
2.3　出力制御部のラダー図 ………………………………………………… 144
2.4　全プログラム …………………………………………………………… 145
・第2章のまとめと補足 ………………………………………………… 146
・理解度テストと演習問題の解答 ……………………………………… 147

索引 ……………………………………………………………………………… 154

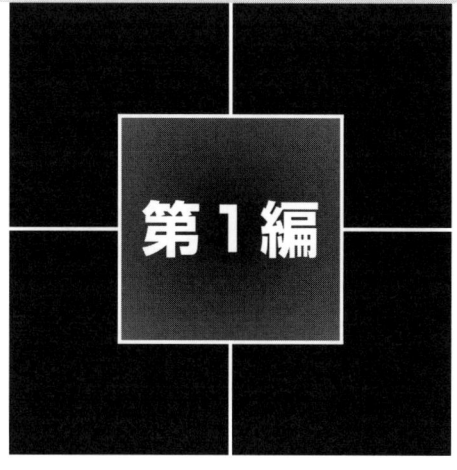

ハードウェアの基礎

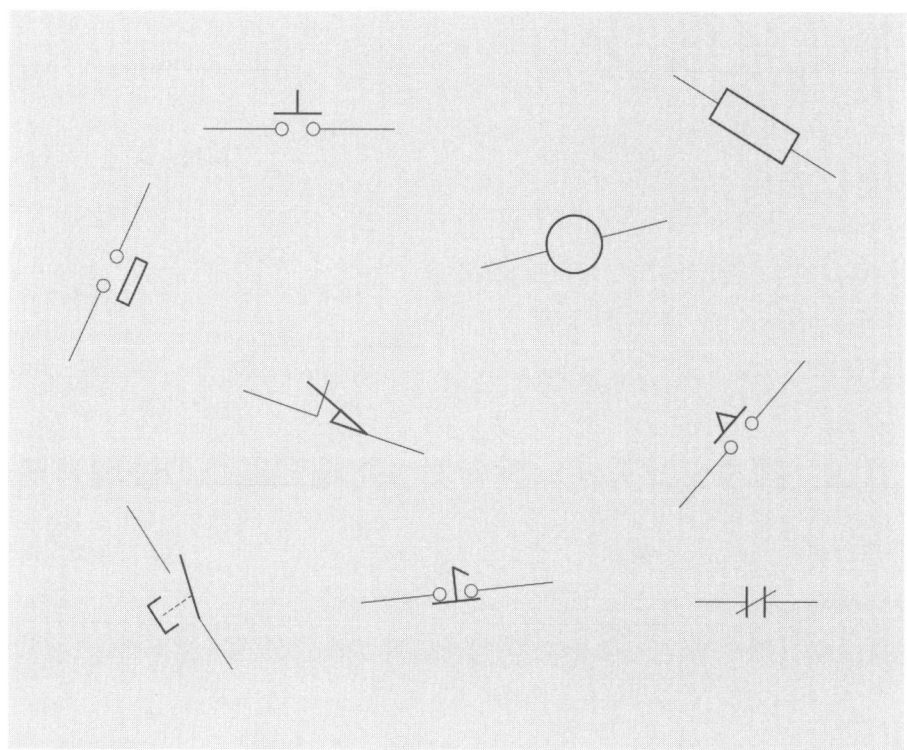

第1章
シーケンス制御のための電気回路

本章では，シーケンス制御に必要な電気回路の知識と表現方法について学びます。

1.1 簡単な電気回路

工作をしたことのある人なら一度は乾電池を使って小型モータを回した経験があるかと思います。図1.1には乾電池ひとつで回転するDCモータを使った配線図が描かれています。

この図の通り配線すると，スイッチを押したときにモータが回転してくれそうですが，やってみると，配線した途端にモータが回り出して，スイッチを押すと止まったなどというケースも起こります。

これは簡単なスイッチの特性がひき起こす現象ですが，リレーシーケンス制御の基本的な考え方に密接に関連しているので，スイッチの構造と電気回路について見てゆくことにします。

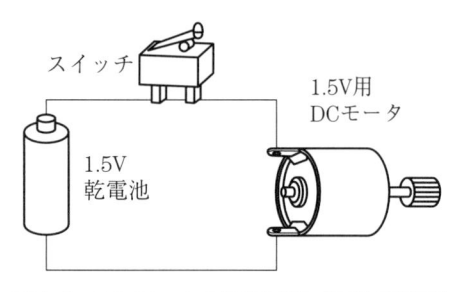

図1.1　DCモータの制御回路（実体配線図）

1.2 押ボタンスイッチを使った電気回路の表現方法

図1.2は押ボタンスイッチを示しています。指でボタンを押している間だけ接点の開閉が切り替わり，指を放すとばねの力で元に戻ります。

図1.2(a)は，指を放している間は開いている接点で，接続端子間は導通していません。ボタンを押すと，端子間が導通します。

図1.2(b)は，ボタンを押しているときに接続端子間が解離し，放すと接点が閉じた状態になって通電します。

1.2 押ボタンスイッチを使った電気回路の表現方法

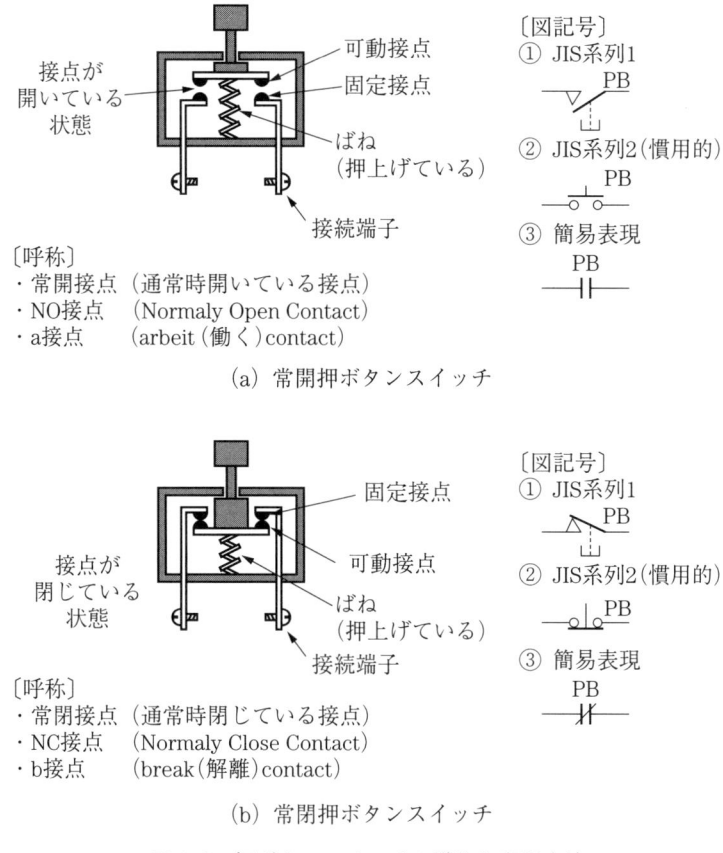

図1.2 押ボタンスイッチの構造と表現方法

(a)のような接点を常開接点あるいは Normaly Open の頭文字をとって NO 接点，さらには，a 接点（arbeit contact）と呼んでいます。

(b)のような接点を常閉接点あるいは Normaly Close の頭文字をとった NC 接点，さらに b 接点（break contact）と呼びます。

さらに，1つのスイッチで(a)と(b)の両方を備えたものを c 接点（change over contact）と呼びます。

とくに図の右側にある図記号は，このような接点の回路図を書く上での表記方法です。

①のものが JIS C 0301-1982 系列1によるもの。

②が同 JIS C 0301-1982 系列2によるもの。

③が PLC プログラム中の表現方法としてよく使用される簡易表現です。

簡易表現といっても，一応 MAS 502 で規定されているものと同じです。

a接点とb接点のスイッチを使ってランプの ON/OFF を行う回路例を図1.3に示します。図中の①，②，③は表記方法が違うだけで同じ回路を意味します。この回路では，PB_1 のスイッチが押されて，PB_2 のスイッチが放されているときに限って表示灯 SL_1 が点灯します。

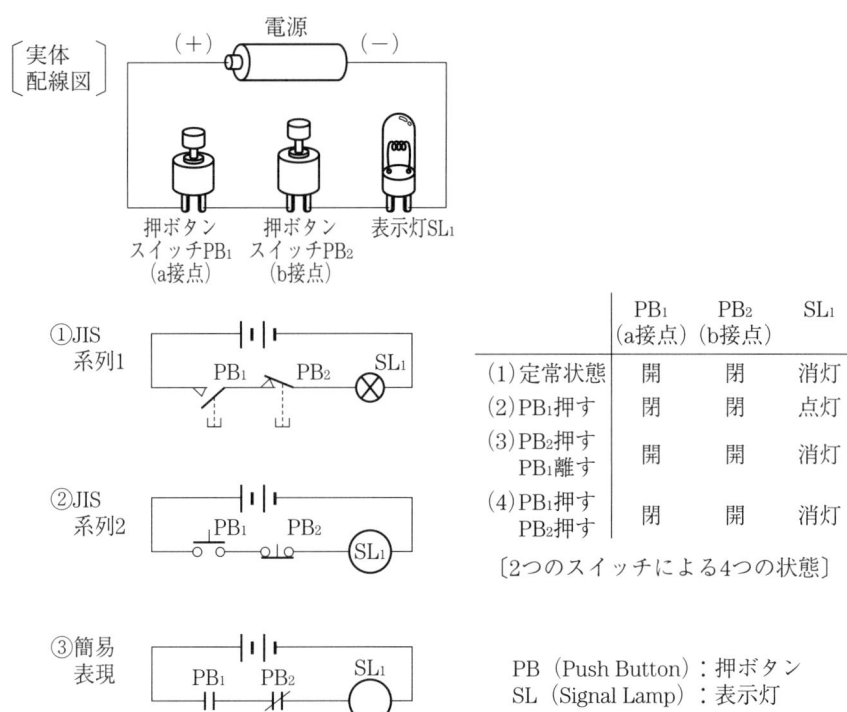

図1.3 スイッチによるランプの点灯回路

1.3 リレーの構造

　リレーは継電器と呼ばれ，電気の流れを制御するために頻繁に利用されています。リレーを使う目的には，2通りあります。

　1つ目は，電流の流れを切替えて制御回路を構成できることです。リレーのコイルと接点を巧みに組み合わせてインターロック回路を作ったり，自己保持回路を作って制御出力のタイミングをコントロールします。

　2つ目は，独立した2つの回路間のインターフェイスとしての役割です。リレーに流れる電流にはコイルを動作させる電流と，コイルによって切替わる接点に流す電流の2つがあります。この2つの電気の流れを別々に独立した形で利用すると，例えば電圧の異なる2つの回路間で信号の受渡しをすることができます。

　リレーの適用性は，リレーの中にあるコイルと接点が絶縁されているところにあり，その拡張性は，1つのコイルに対していくつもの独立したa接点やb接点を利用できるところにあると言えます。

　図1.4にリレーの構造を示します。その特徴は以下の通りです。

（1）　リレーの中にあるコイルと接点は絶縁されている。

1.4 リレーを使った電気回路の表現方法

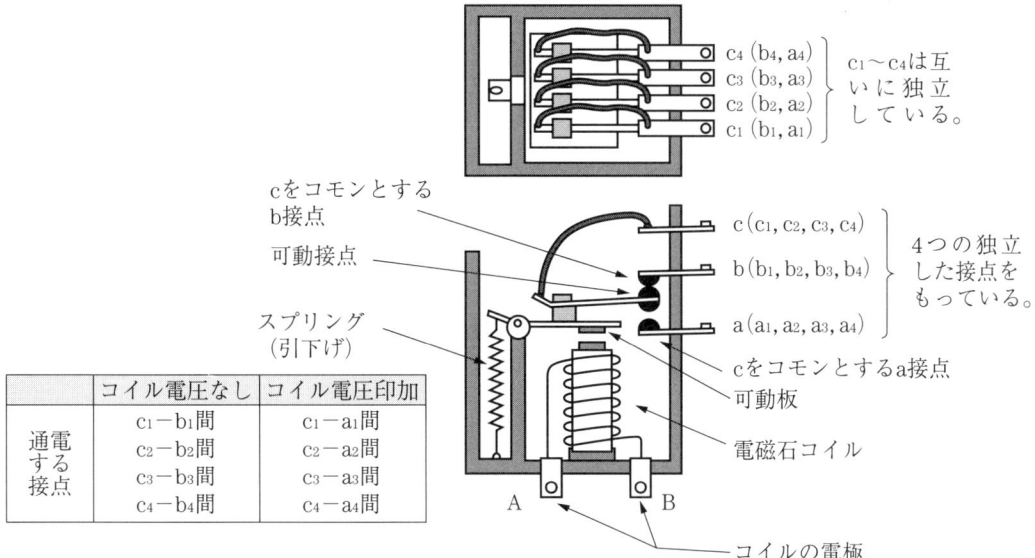

図1.4 リレーの構造（4C接点リレー）

（2） リレーのコイルに通電するとそのリレーの全ての接点が同時に切替わる。

（3） 1つのリレーコイルに対して通常1個～数個のc接点（または，a接点かb接点）をもっている。接点数が不足したら新たにリレーを追加して増設できる。

（4） リレーのコイルと接点は種々の電圧に対応したモデルがあるので，異なる電圧の回路に対して電流の制御ができる。

（5） リレーの種類によって比較的大きな電流や高い電圧のものをしゃ断したり，比較的小さな電流や低い電圧の回路を制御することもできる。

（6） 他の接点のON/OFFをリレーの動作におき替えて，おき替えたリレー接点がもとのリレーの接点と同じように動作させることができる。

リレーコイルには，リレーの種類によっていろいろな値の直流や交流の電圧をかけてリレーコイルを動作させることができます。リレーの接点間に通電する場合，リレーの種類によって耐圧や定常電流値，スイッチングできる電流や電圧の適用範囲が決まっているので，適正なものを選定します。特にモータやソレノイドなどの誘導負荷のスイッチングをするときには接点の劣化の度合が大きくなるので注意します。

1.4 リレーを使った電気回路の表現方法

図1.4のリレーを電気回路図で表わすと図1.5のようになります。図1.4で紹介したリ

レーは1つのコイルで4つのc接点をもっています。Rはリレーのことを意味し、Rについている添え字はリレーの番号を示しています。また、同じ番号がついている接点はその番号のリレーのコイルに電圧を印加したときに切替わる接点であることを意味しています。

すなわち、$\underset{R_2}{\circ\!-\!\circ}$ は通常は非導通ですが、リレーコイル R_2 に電圧がかかって動作するとON状態になって通電する接点であり、$\underset{R_3}{\circ\!-\!\circ}$ は通常は導通していますが、リレーコイル R_3 が動作したとき導通が切れる接点を意味しています。

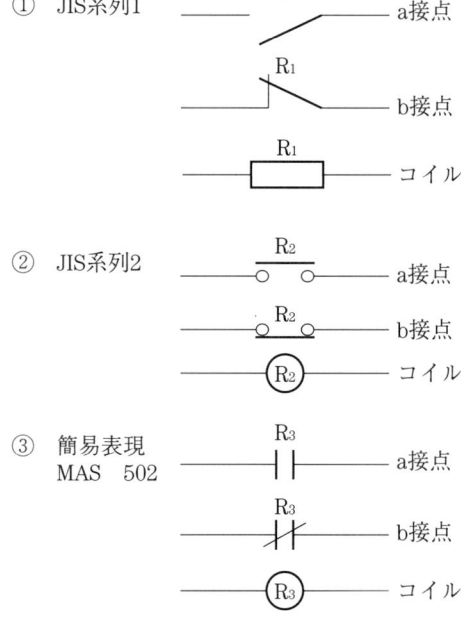

図1.5　リレーコイルと接点の回路記号

1.5　リレーの絶縁性を利用した電気回路

ここでは単相100Vで動作するモータ（IM）をDC電源の制御回路でコントロールしてみます。

図1.6のように操作部と動力部が電圧の異なる2つの回路に分かれていても、リレーのコイルと接点を利用することで、制御信号を受け渡したり、連動させることができます。

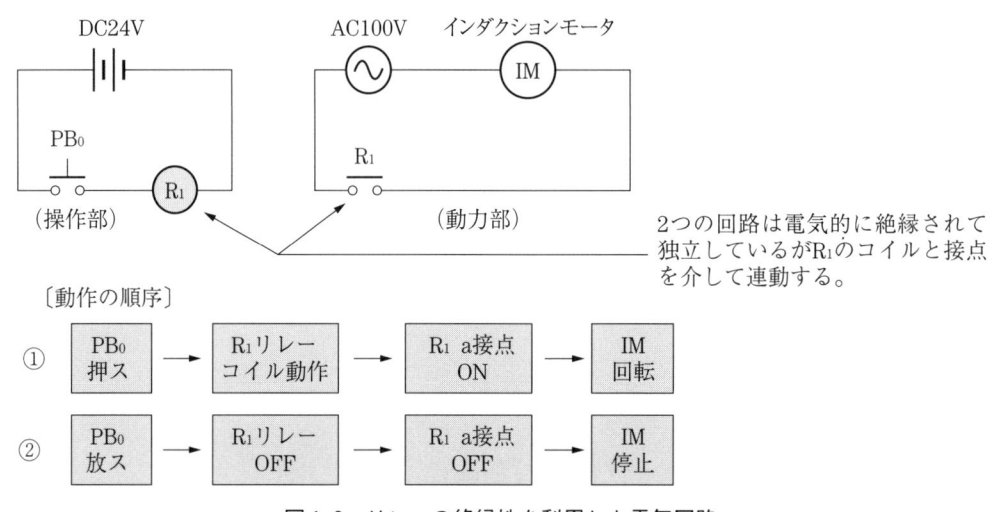

図1.6　リレーの絶縁性を利用した電気回路

1.6 リレーの自己保持回路

リレーのコイルと接点を上手に組み合わせることで,種々の制御動作を実現できます。その最も典型的なものに,自己保持回路と呼ばれるものがあります。図1.7の左上（R_3の自己保持回路部）にその自己保持回路の例を示します。

PB_1を押してR_3のコイルを一旦ONすると,PB_1を放してもR_3はONしたままの状態

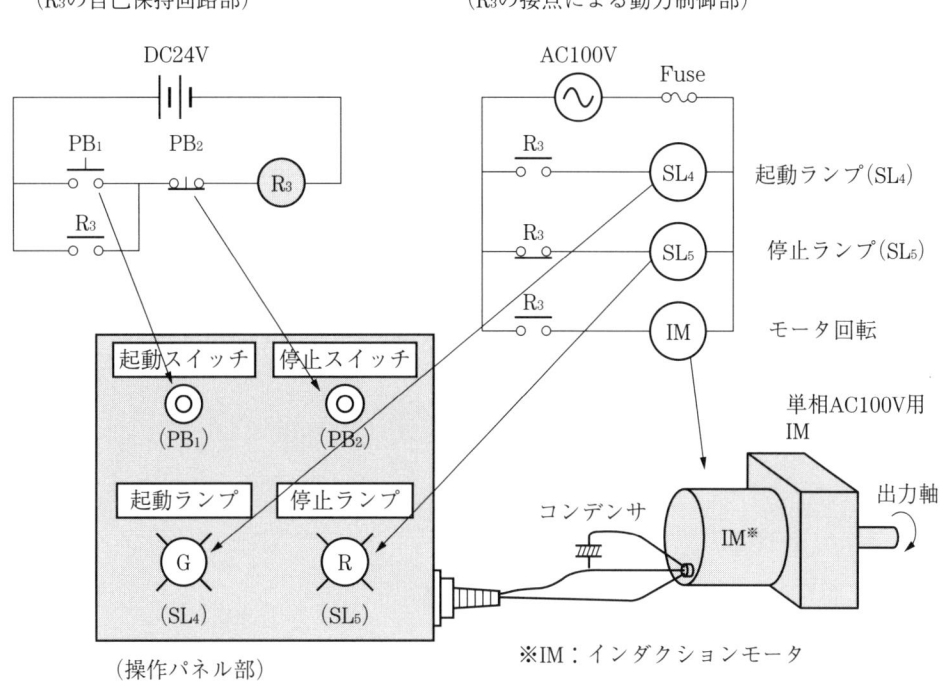

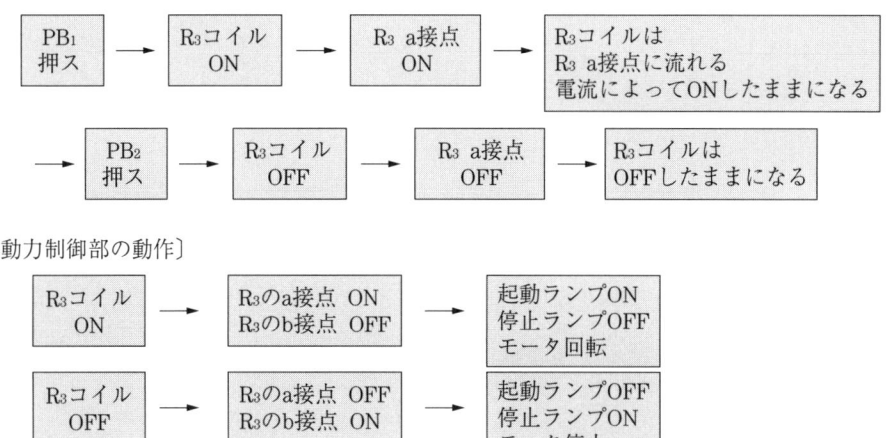

図1.7　自己保持回路をつかったリレー制御

を保ちます。PB$_2$ が押されるか，電源が切られるままでその状態を保持します。

1.7　外部接点の表記方法と電気回路

リミットスイッチに代表される外部からの機械接点は図1.8のように表記します。

リミットスイッチの接点や光学式センサのON/OFF信号などの外部からの機械接点は，通常a接点が1つとかc接点が1つとかの限られた数の接点しかもちませんが，制御回路上ではその接点を何回も使う必要があるという場合がしばしばあります。

このようなときには，外部接点の動作をリレーに置き替えて，そのリレーの接点を外部リレーの接点として利用する方法があります。図1.9はその例で，1つの接点しかもたないLS$_1$の動作をR$_1$に置き替えて，ソレノイド（SV$_1$）の駆動と表示灯（SL$_1$）のON/OFFをするのに，R$_1$の1つのb接点と1つのa接点を利用しています。

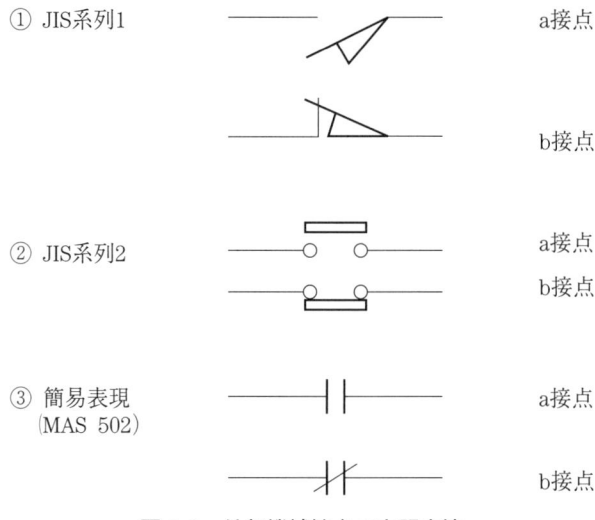

図1.8　外部機械接点の表記方法

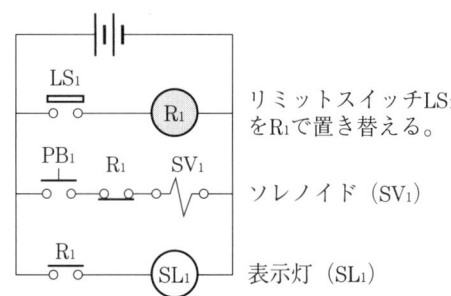

図1.9　接点動作をリレーに置き替える

1.8 外部接点を使ったモータ制御回路

次に図1.10では，リミットスイッチを使ったモータの動きを制御する例を示します。

上昇開始スイッチPB_1を押すと，上昇制御リレーR_1がONして，リフタは上昇します。上昇端に達するとLS_1が働いて，R_1をOFFするのでリフタは停止します。

下降開始スイッチPB_2を押すと，下降制御リレーR_2がONしてリフタは下降します。下降端に達するとLS_2が働いてR_2をOFFするのでリフタは停止します。このようにリミットスイッチの接点を使ってモータの制御をすることができます。

ところが，この回路の場合，1つの問題点があります。リフトブロックがLS_1とLS_2の中間に位置し，LS_1とLS_2のどちらもはたらいていないときに，両方のスイッチが押されると，R_1とR_2が両方同時に動作してしまうのでインダクションモータに異常電圧がかかって熱発してしまいます。そこで，図1.11のようにR_1とR_2の自己保持回路にインターロックをかけて，片方の動作途中ではもう一方のリレーがはたらかないように回路を修正します。

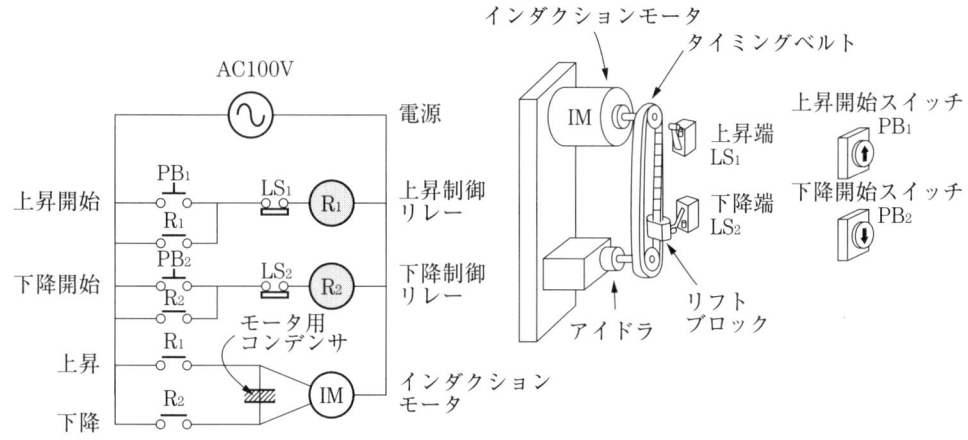

図1.10 押ボタンスイッチとリミットスイッチによるリフト制御

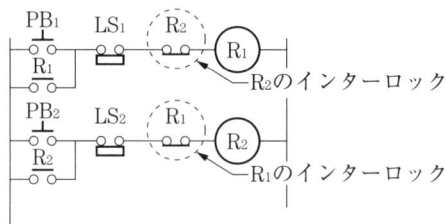

図1.11 インターロック回路

第1章のまとめと補足

1. 接点にはa接点とb接点の2種類がある。

    a接点は別呼称として，常開接点・NO接点とも呼ばれ，b接点は常閉接点・NC接点とも呼ばれる。

2. a接点及びb接点の表記方法

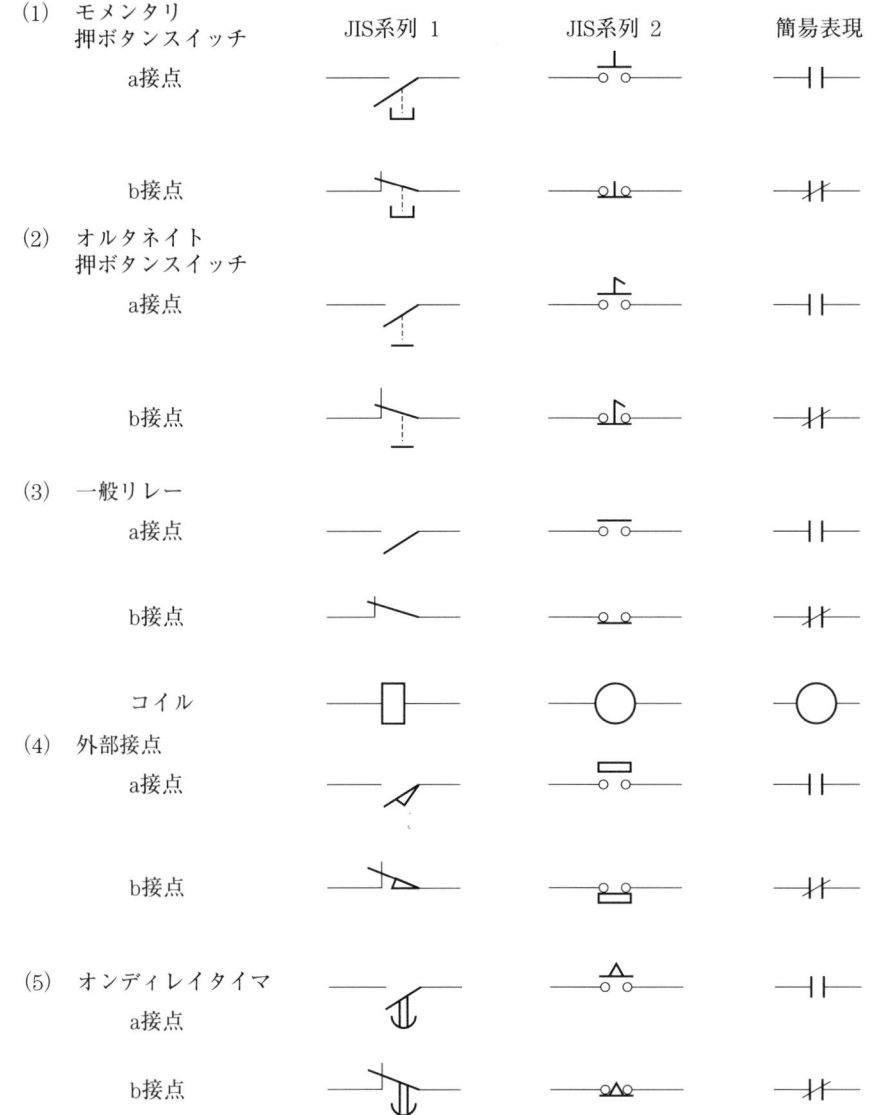

3. リレーは1つのコイルと1つ以上の接点からなる。

    リレーのコイルと接点は電気的に独立（絶縁）している。

    1つのリレーに複数の同じ動作をする接点がある場合，それぞれの接点は互いに独立（絶縁）している。

4. 2つのスイッチと1つのリレーを使った自己保持回路は次のようになる。

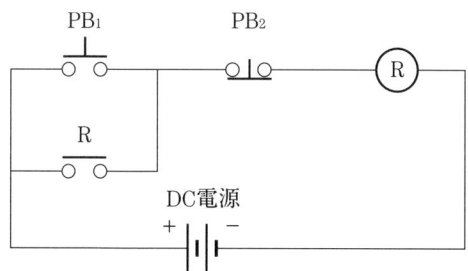

5. 4で使った自己保持回路になっているリレーRの接点でAC100V用のソレノイドバルブを駆動する回路は次のようになる。

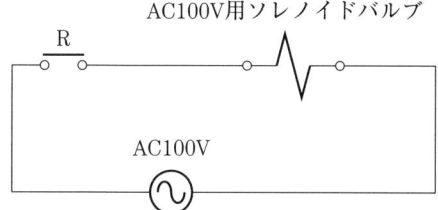

PB_1を押すとRが自己保持となりソレノイドバルブに通電する。PB_2を押すとRの接点は開く。

6. DC電源用の1a接点だけをもつリミットスイッチがあるとする。このリミットスイッチがOFFしているときにモータを駆動し，ONしたときにモータを停止させるような制御をするには，リミットスイッチのON/OFFをいったんリレーに置き替えて，リレーのb接点でモータを制御すればよい。回路図は次のようになる。

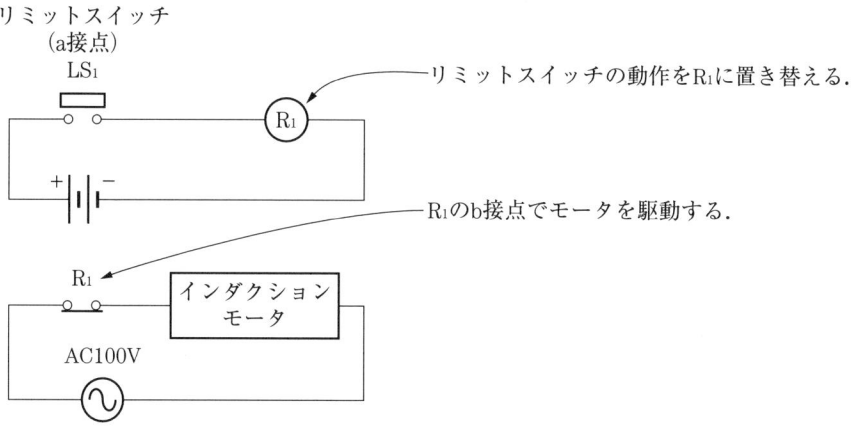

●理解度テスト

演習問題［1］

（1） PB_1 と PB_2 の両方のスイッチを押さなければ，モータが回転しないような回路を構成するのに適した接続方法はどれか。(a)～(d)のうち最も適当なものを選べ。

（2） PB_1 と PB_2 の少なくともいずれか一方のスイッチが押されたときにモータが回転する接続方法を(a)～(d)より選べ。

(a) ②—③，④—⑤，⑥—⑦，⑧—①
(b) ⑤—⑦，⑥—①，②—③，④—⑧
(c) ①—③—⑤，②—④—⑦，⑥—⑧
(d) ②—⑤，①—③—⑦，④—⑧—⑥

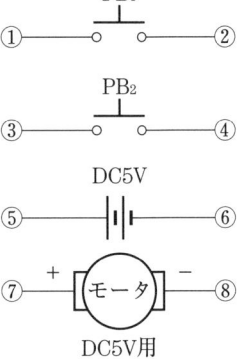

演習問題［2］

回路図1は，押ボタンスイッチ PB_1 と PB_2 によって表示灯 SL_1 を点灯したり消灯したりするものである。いま，PB_1 と PB_2 のボタンを押したときを押ス，放したときを放ス，と表わすとすると，SL_1 の ON/OFF の状態は表1のように表現できる。

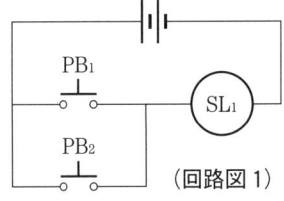

（回路図1）

PB_1	PB_2	SL_1
押ス	押ス	ON
押ス	放ス	ON
放ス	押ス	ON
放ス	放ス	OFF

（表1）

（1） 下記の回路について同様の表を作成せよ。

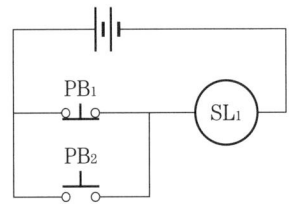

PB_1	PB_2	SL_1
押ス	押ス	
押ス	放ス	
放ス	押ス	
放ス	放ス	

（2） 下記の回路について同様の表を作成せよ。

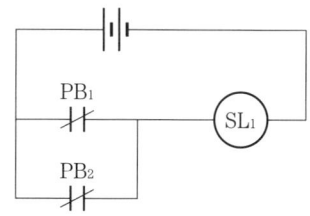

PB₁	PB₂	SL₁
押ス	押ス	
押ス	放ス	
放ス	押ス	
放ス	放ス	

（3） 下記の回路について同様の表を作成せよ。

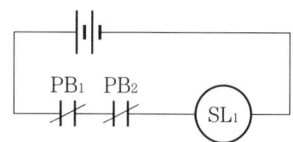

PB₁	PB₂	SL₁
押ス	押ス	
押ス	放ス	
放ス	押ス	
放ス	放ス	

演習問題 [3]

下図のような電源と直流用リレー及び交流モータがある。以下の各設問の通りに動作させるのに最も適した接続方法をそれぞれの(a)～(c)から選べ。各接点はリレーまたはモータを駆動する十分な能力があるものとする。

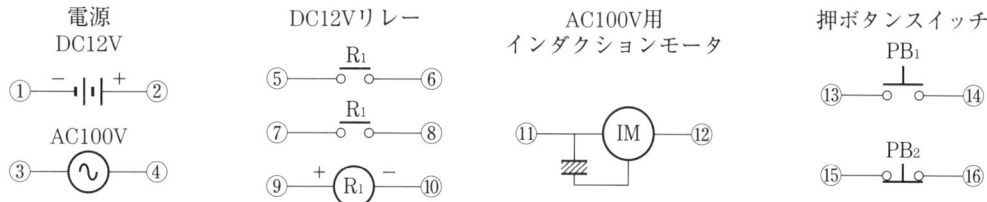

（1） 押ボタンスイッチPB₁の操作（押ス／放ス）でモータを直接ON/OFFする。
 (a) ②―⑬　⑭―⑪　⑫―①
 (b) ④―⑬　⑭―⑪　⑫―③
 (c) ④―⑤　⑥―⑪　⑫―③

（2） 押ボタンスイッチPB₁の操作（押ス／放ス）で，DC 12 V リレーをON/OFFする。
 (a) ②―⑬　⑭―⑤　⑥―⑨　⑩―①
 (b) ②―⑨　⑩―①　⑥―⑬　⑭―⑤
 (c) ②―⑬　⑭―⑨　⑩―①

（3） 押ボタンスイッチPB₁を押ス操作でDC 12 V リレーを自己保持にして，PB₂を押ス操作で自己保持を解除する。
 (a) ②―⑬―⑤　⑭―⑮―⑥　⑯―⑨　⑩―①

(b) ②—⑬—⑤ ⑭—⑮ ⑯—⑥—⑨ ⑩—①
(c) ②—⑮—⑤ ⑯—⑬—⑥ ④—⑨ ⑩—①

（4）（3）でつくった自己保持回路を使うことを前提にして，自己保持される DC 12 V リレーの接点で AC 100 V インダクションモータを駆動する部分の回路。

(a) ④—⑪—⑦ ⑫—⑧—③
(b) ④—⑪ ⑫—③
(c) ④—⑦ ⑧—⑪ ⑫—③

[解答]
　演習問題［1］
　　（1）—(b)，（2）—(c)

　演習問題［2］

(1)		
PB₁	PB₂	SL₁
押ス	押ス	ON
押ス	放ス	OFF
放ス	押ス	ON
放ス	放ス	ON

(2)		
PB₁	PB₂	SL₁
押ス	押ス	OFF
押ス	放ス	ON
放ス	押ス	ON
放ス	放ス	ON

(3)		
PB₁	PB₂	SL₁
押ス	押ス	OFF
押ス	放ス	OFF
放ス	押ス	OFF
放ス	放ス	ON

　演習問題［3］
　　（1）—(b)，（2）—(c)，（3）—(a)，（4）—(c)

第2章

PLCの構造と
プログラム用リレー

> PLC*（プログラマブルコントローラ）は決められた順序に従って機械の動作を実現するための制御装置として，さまざまな機械や装置に利用されています。リレー制御では煩雑になりがちな，入出力点数が多い装置や，同時に複数の機械が動作する並列動作システムなどの複雑な対象をPLCによって制御することができます。
> 　本章では，PLCを利用するにあたって，理解しておく必要のある構造について解説します。

2.1　PLCの構造上の種類

PLCを構造上分類すると，つぎの3つのタイプが多く見うけられます。
（a）　パッケージタイプ
（b）　ベース装着タイプ
（c）　コンポーネントタイプ
　パッケージタイプのPLCは，入出力点数が少ない比較的小さな機械システムや小さなセルの単独運転などに向いています。CPUと入出力が一体になっていて低価格で配線なども容易ですが，応用性や拡張性に欠けます。図2.1にその特徴とイメージ図を挙げます。
　ベース装着タイプのPLCで小形・中形・大形の区別のあるものは，通常メモリや入出力の容量が順に大きくなります。
　また，ベースの大きさも異なってくるので使用できる特殊ユニットや高機能ユニットなどに違いがでてきますので，機種変更するときには注意します。図2.2にベース装置タイプのPLCの外観と特徴を，図2.3にコンポーネントタイプのPLCの外観と特徴を示します。

＊PLCはProgrammable Logic Controllerの頭文字をとった略称で，主に欧米で広く使われている呼称である。国内では慣用的にシーケンサとかプログラマブルコントローラ（PC）などとも呼ばれているが，本書ではPLCと呼ぶことにする。

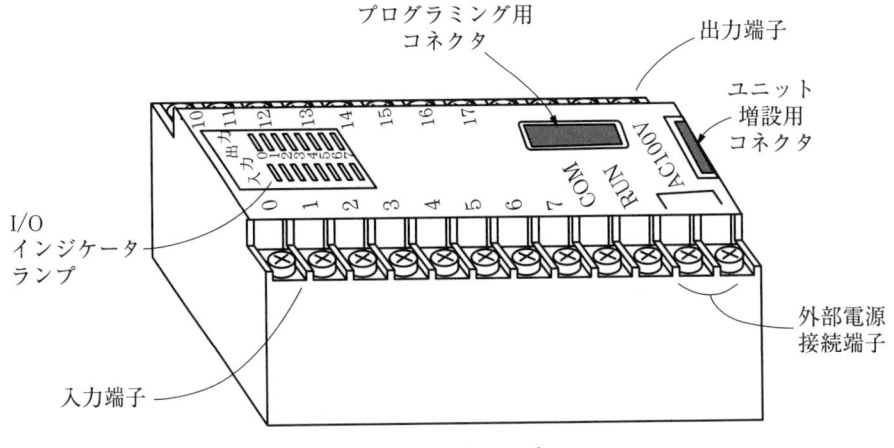

図2.1　パッケージタイプのPLC

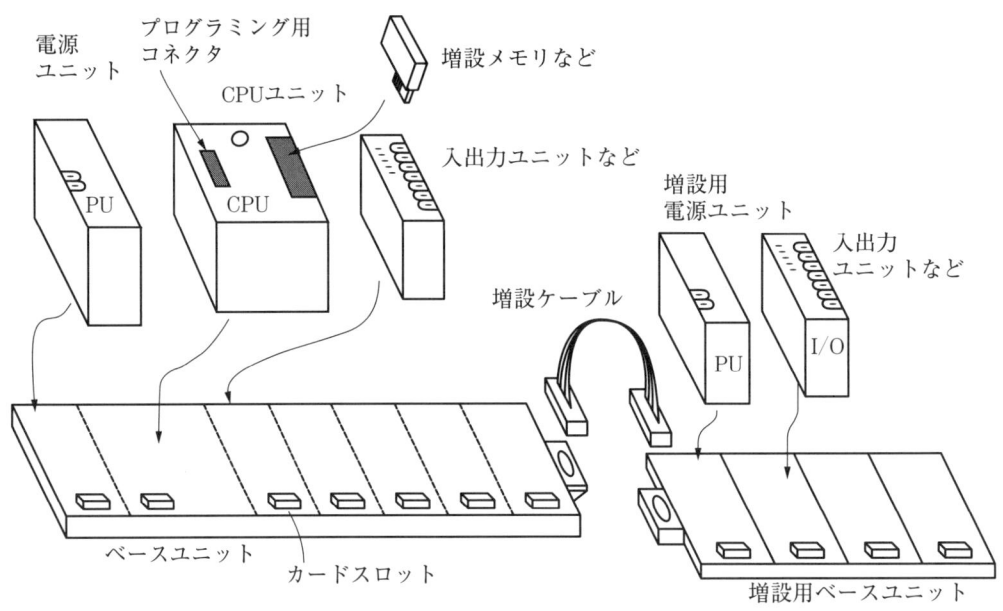

図2.2　ベース装着タイプのPLC

2.2　パッケージタイプのPLCの特徴

　パッケージタイプのPLCは，1つのパッケージの中に，CPU，本体電源部，入出力端子まで備えられていますので，CPUを選定するのと同時に入力や出力の仕様（電圧・タイプ・接点数など）を決めなくてはなりません。入力と出力の点数は増設できるものもありますが，パッケージタイプのPLCでは128点以下のものが主流となっています。

　また，電源・CPU・I/Oがパッケージになっていますので安価です。入出力点数が少ないものは，スペース的にも小さく，省スペースですが，点数の多いものはかえってスペー

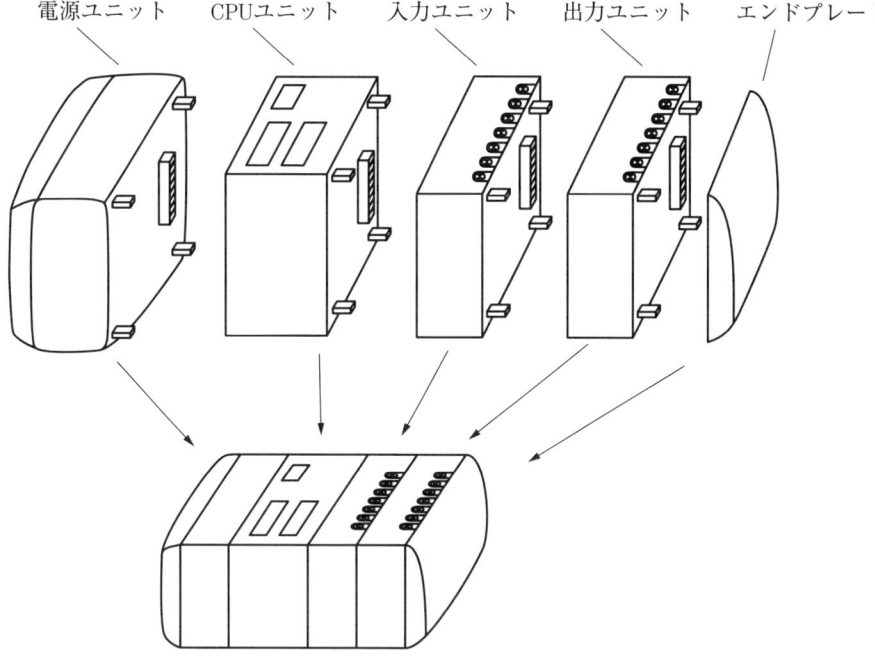

図 2.3　コンポーネントタイプの PLC

スファクタが悪くなることがあります。入出力点数の比較的小さい（たとえば 64 点以下など）ものには非常に有効です。ただし，入出力の増設ができなかったり，できても 1 ユニットだけしか増設できないなどの制限があるので，予定外に入出力の点数が大きく変動する可能性のあるような場合は注意が必要です。

高機能ユニットや特殊ユニットについては，接続できなかったり，接続できる数が著しく少なかったりすることがありますので，増設が必要な機能を使用するときには仕様をよくチェックします。また，RS 232 C やイーサネットなどの通信ができるものとできないものがあります。通信する相手の機種によっても制限がある場合もあるので注意が必要です。

2.3　ベース装着タイプの PLC の特徴

ベース装着タイプの PLC では，ベースユニット，電源ユニット，CPU ユニット，入出力ユニットをそれぞれ選定しなくてはなりません。選択の範囲は広く，必要な機能を全て満足するものをカタログから拾い上げることになります。

(1)　ベースユニットの選定

ベースユニットには電源ユニットおよび CPU ユニットを必ず装着します。ベースユニットの空いているカードスロットには入出力用ユニット，特殊入出力ユニット，高機能ユニット，通信ユニット，ネットワーク用ユニットなどを装着します。これらのユニットの

枚数を合算して，ベースユニットのスロット数を決めます。万一，1枚のベースユニットでは不足するときは，増設ケーブルと増設用ベースユニットを使って必要な数だけ増設します。

ユニットを装着した位置によってユニットの入出力番号が決まることが多いので計画的に装着するスロットを決めなくてはなりません。また，ユニットの種類によっては装着する位置が決まっているものもあるので注意します。

（2） 電源ユニットの選定

電源ユニットは，PLCのベースに装着するユニットやCPUへの基本動作に必要な電源を内部的に供給するものです。CPUや各ユニットに内蔵されている電子部品やICなどのDC電源として使われます。

電源ユニットのDC電源はベースユニットを通して各ユニットに供給されますので，通常ベースユニットに装着するだけでユニットとの特別な配線は行いません。電源ユニットの入力はDC 24 V，AC 100 V〜AC 220 Vなどに対応するものがありますので，支障のない電圧のものを選定します。

ユニットの種類や使用枚数によって，電源ユニットから供給する電流容量が決まりますので，電源ユニットの必要アンペア数は正しく計算して選定することが大切です。

（3） CPUユニットの選定

CPUユニットは，プログラムの大きさをに見合ったメモリ容量，必要な計算スピード，通信やネットワーク機能などの特殊機能の有無，使用するデータ範囲やリレー数などのさまざまな条件を考慮して決定します。必要な機能が1つ欠落しても，後で追加できなくて，PLC全部を交換しなくてはならないようなケースもでてきますので慎重に選定します。

（4） 入出力ユニットなどの選定

入出力ユニットはさまざまなものが提供されていますが，最も多く使われるのが，ON/OFF制御を行うデジタル入出力ユニットでしょう。電圧やインターフェイス仕様をもとに適切なユニットを選定します。

2.4　コンポーネントタイプのPLCの特徴

コンポーネットタイプのPLCは，電源ユニット，CPUユニット，入力ユニット，出力ユニットなどがコンポーネント化されていてお互いに直接連結できるようになっています。

後から入力ユニットや出力ユニットの挿入ができますので，増設しやすく，特殊ユニットや高機能ユニットもシリーズに入っていれば使用できます。取り付ける入出力ユニット

やユニットの数によって電源ユニットの必要容量が変わります。なおCPUユニットの型式によっては使用できるユニットの制限もあります。

2.5 PLC入出力ユニットのリレー番号

　PLC入出力ユニットのリレー番号は通常PLCの機種と装着するスロットの順番で割付番号が変わってきます。

　パッケージタイプの場合は，はじめから入出力番号が割付けられているものがほとんどで，その例を表2.1に示します。

表2.1　入力番号固定タイプのPLCの入出力リレー割付例

PLC機種	タイプ	入力ポート1	入力ポート2	出力ポート1	出力ポート2
オムロン C40H	パッケージ	0000～0015 (0CH)	0100～0107 (1CH)	0200～0211 (2CH)	0300～0303 (3CH)
三菱FX2N	パッケージ	X00～X07	X10～X17	Y00～Y07	Y10～Y17
オムロン CQM1H	コンポーネント	0000～0015 (0CH)	0100～0115 (1CH)	10000～10015 (100CH)	10100～10115 (101CH)

　コンポーネントタイプのものでも，同表下にあるオムロンのCQM1Hシリーズでは，入力の番号が装着順に0CH（入力リレー番号0000～0015），1CH，2CH…となり，出力の方は装着順に100CH（出力リレー番号10000～10015），101CH，102CH…と自動的に

表2.2　ベース装着タイプのPLCの入出力リレー割付例

PLC機種	タイプ	スロット0	スロット1	スロット2	スロット3
三菱A1S	ベース装着	16点入力 X000～X00F	16点入力 X010～X01F	16点出力 Y020～Y02F	16点出力 Y030～Y03F
		16点出力 Y000～Y00F	16点入力 X010～X01F	16点出力 Y020～Y02F	16点入力 X030～X03F
三菱A2	ベース装着	32点入力 X000～X01F	16点出力 Y020～Y02F	32点出力 Y030～Y04F	16点入力 X050～X05F
オムロン C200H	ベース装着	(000CH)	(001CH)	(002CH)	(003CH)
		16点入力 0000～0015	16点出力 0100～0115	16点入力 0200～0215	16点出力 0300～0315
		8点出力 0000～0007	16点入力 0100～0115	16点出力 0200～0215	8点入力 0300～0307
		高機能I/Oユニット (0号機) 10000～10900	高機能I/Oユニット (1号機) 11000～11900	32点ユニット (0設定) 3000～3015 3100～3115	64点ユニット (1設定) 3200～3215 3300～3315 3400～3415 3500～3515
日立 H-200	ベース装着	16点入力 X000～X015	16点出力 Y100～Y115	32点入力 X200～X20F X210～X21F	16点出力 Y300～Y315

割付けられるようになっています。

　ベース装着タイプの PLC では，通常装着したスロットの番号によって入出力リレー番号の割付けが変わってきます。

　三菱電機のAシリーズでは，スロットの若い番号から順に表2.2のように0〜Fまでの16点単位で割付けられていきます。

　オムロンのC 200 Hシリーズでは，ベースの各スロットにチャネル（CH）番号が振られていて，装着したユニットにはそのチャネル番号が割り付けられます。入出力リレー番号はそのチャネル番号につづけて順に00〜15の番号を付けたものが適用されます。32点や64点の多点入出力ユニットは装着したスロット位置に関係なく割付けられ，特別の番号がふられます。多点入出力ユニットが装着されてたベースのスロットのチャネルは，入出力の番号としては使用できなくなります。

　このように PLC の機種や装着するユニットによって割付けが変わってきますので，実装時には各ユニットのマニュアルを参照して十分検討する必要があります。

2.6　PLC の構造

　PLC の内部構造の主要な部分を図2.4に示します。PLC はマイクロコンピュータ応用

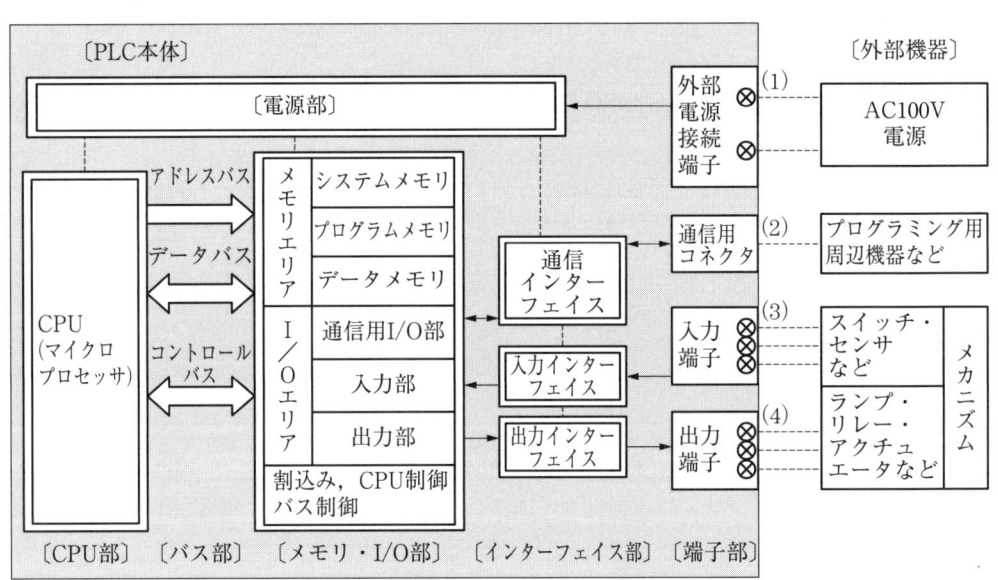

　　アドレスバス：CPUからのアドレス情報をメモリや周辺ICに伝送する．
　　　　　　　　　CPUがアクセスするアドレスを指定する．
　　コントロールバス：メモリや入出力装置に信号の内容を伝えるバス．
　　　　　　　　　　CPUから周辺への読み書きなどの要求信号．
　　データバス：メモリデータやI/Oデータなどの双方向データ伝送路．
　　　　　　　　読み書きする実際のデータを伝送する

図2.4　PLC の内部構造（主要部）

機器でもあります。内部の基本的な構造はマイクロコンピュータと変わらないと考えてもよく，機械制御に適したPLC専用のプログラミングができることと，それを実行できるような基本ソフトがシステムメモリに書き込まれていること，そして，ハードウェアとしては，ノイズに強く，数多くの入出力ポートをもつことができるように設計されているところが特徴的です。

　ごく標準的なパッケージタイプのPLCを考えると，図2.4の中の〔PLC本体〕のうち，〔電源部〕，〔CPU部〕，〔バス部〕，〔メモリ・I/O部〕，〔インターフェイス部〕はPLC本体の中に納められていますので外部からは見えません。一方，〔端子部〕は外部機器と接続するために端子台やコネクタの形で外に出ています。同図にあるように，〔端子部〕は主に(1)～(4)の4つの部分に分けられます。PLCと外部機器の接続をするためには，この4つのターミナルについての使い方を知っておく必要があります。

　このように，ごく標準的なPLCの外観を見たときには，外部機器に接続する部分は次の4つの部分しかないため，見方によっては大変シンプルであるともいえます。

（1）　外部電源接続部（PLCの電源）
（2）　通信機器接続部
　　①PLCのメモリにプログラムを書き込むための
　　　通信コネクタ部
　　②他機器とデータ交換するための通信コネクタ部
（3）　入力端子部　スイッチやセンサの入力機器を
　　　接続する端子部
（4）　出力端子部　リレーやランプなどの出力機器を接続する端子

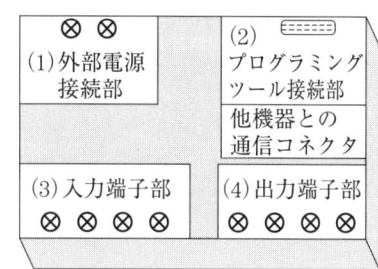

図2.5　PLCの最小構成

　この中で特に機械負荷装置の制御に使用する信号の入力と制御出力のI/O接続を行うのは入力端子部と出力端子部です。

　この入力端子部と出力端子部は内部では独立していて，PLCにプログラムを書き込んで実行しなければ出力端子で負荷装置を動かせません。PLCに書き込まれるプログラムによって入力と出力の関係が関連付けられます。すなわち，PLCを入出力を制御するコントローラとして見ると，次のようにとらえることができます。

　PLCは外部入力機器と接続する入力端子部と外部出力機器を接続する出力端子部をもち，それらの入出力の動作をプログラムによって関連づけて制御する装置です。

　もちろん，PLCは拡張的に高度な通信機能やデータ処理などの応用演算を行うことができる機能をもたせられますが，最も多く使われている理由は，わずかな配線で数多くの入出力ビットをプログラムによって自由に制御できることにあると言ってもよいでしょう。

2.7 PLCの入力リレー

PLCの入力ユニットの1つひとつの入力端子には，1つづつの重複しない入力リレー番号が割付けられていて，その番号がPLCプログラムの中で使用する仮想的なリレー番号になります。

図2.6のように外部接点LS₁を入力端子番号X0に配線しますと，LS₁の接点が閉じたときにCOM端子とX0端子間に電圧がかかり，PLCの仮想入力リレーX0が励起されてONの状態になります。もし，プログラム中で入力リレーX0のa接点 ─┤├─ を使っていればこの接点が開から閉に変化します。

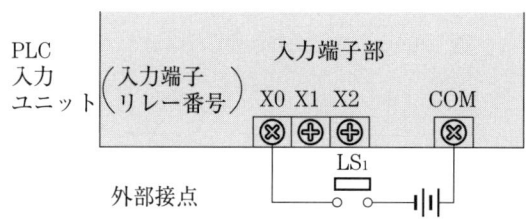

図2.6　外部接点の接続

すなわち，図2.6のように入力端子番号X0にリミットスイッチLS₁を接続しますと，PLC内部では，LS₁のON/OFFでリレーX0をON/OFFするように認識します。これは，あたかも図2.7のように，LS₁でON/OFFする (X0) というリレーがPLC内部に存在するのと同じ意味になります。

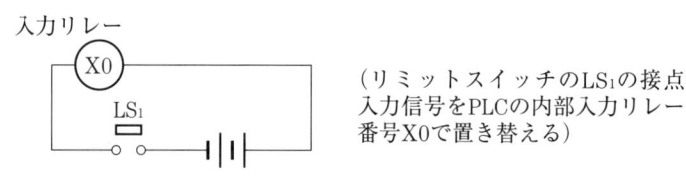

図2.7　外部入力接点の置き替え

このように，LS₁の接点の動作が入力リレーX0の動作にそのまま置き替わりますので，入力リレーX0のa接点 ─┤├─ やb接点 ─┤/├─ をPLCプログラムの中で使用できるようになるのです。

PLC制御プログラムを見ても，X0という名の入力リレーのコイル（─(X0)─）というのはどこにも現われないので，初心者の中には混乱するケースをよく見うけますが，この置き替えこそが，プログラムの中に接点しか存在しないのに"入力リレー"と呼ばれている由縁です。

● 入力リレーを使ったプログラムの作り方

そこで，この入力リレーX0がONしたときに出力リレーY10をONするPLCプログラムを使ってみます。図2.8がラダー図で記述したプログラム例です。母線と出力リレーコイルY10の間にa接点（常開）の入力リレーX0が入っています。外部スイッチLS_1が閉じると入力リレーX0がONして，X0のa接点が閉じます。すると，母線からY10までがつながるので，出力リレーY10がONします。外部スイッチLS_1が開くと，入力リレーX0がOFFするので，X0のa接点が開き，Y10と母線の間が切断されて，出力リレーY10はOFFします。

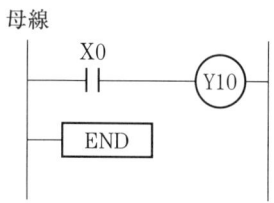

図2.8 入力リレーX0をつかったプログラム例

この一連の動きをタイムチャートに表わしたものが図2.9です。

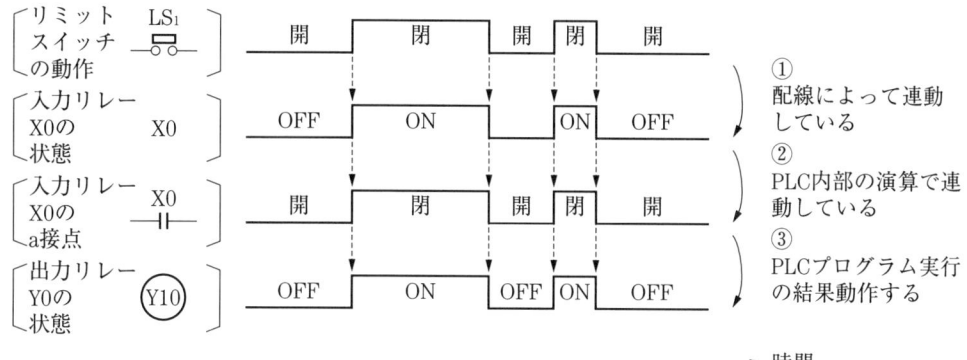

図2.9 タイムチャート

① では，リミットスイッチの動作が入力リレーX0の動作にそのまま置き替わっていることを示します。
② では，PLC内部で入力リレーX0がONしたときにはそのa接点は閉じるという演算によって，X0のa接点が開／閉動作をしています。
③ では，プログラム中の部分を実行した結果，X0の開／閉で直接出力リレーのON/OFFを行うことになるので，その結果が示されています。

2.8 PLCの出力リレー

PLCの出力端子には，ランプやモータやソレノイドなどのアクチュエータを直接接続したり，必要に応じて一担リレーを介してそれらの機器と接続したりすることができます。

図2.10は出力端子番号Y10に表示灯SL_1を接続した例を示しています。

PLC内部では，出力機器として何が接続されているかということは全く認識されていませんが，正しく接続されていれば，PLCプログラムで，その出力端子番号と同じ名称

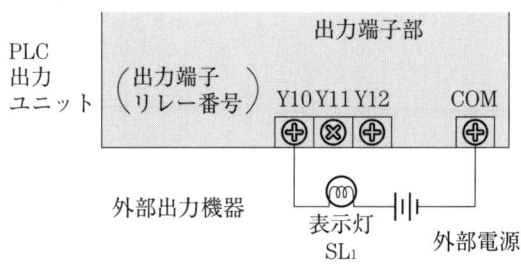

図2.10 出力機器の接続

の出力リレーをON/OFFすることで,そこに接続している機器を制御できることを意味しています。

すなわち,出力リレー(Y10)をONするということは,同じ名称の端子番号Y10の端子の出力端子の電気的な状態をOFFからONに物理的に切替えることを意味しています。

●出力リレーを制御するプログラムの作り方

次に出力リレーを制御する簡単なPLCプログラムを作ってみましょう。図2.11は,入力リレーX02のa接点で出力リレー(Y10)をON/OFFするラダープログラムです。

ただし,PLC入力ユニットのX02端子には押ボタンスイッチが接続されていて,スイッチを押すと入力リレーX02がONするように配線されているものとします。

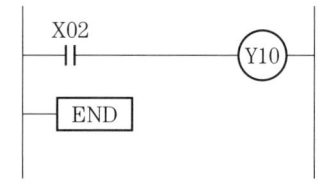

図2.11 出力リレーY10を制御するプログラム例

図2.11のプログラムを実行して,押ボタンスイッチの押ス/放スをしますと,入力リレーX02がON/OFFします。それにともなって,プログラム上の出力リレー(Y10)はON/OFFすることになります。

プログラム上のリレー(Y10)がON/OFFすると,PLC出力ユニット上の同じ番号の出力端子Y10が電気的にON/OFFします。図2.10のように表示灯SL_1がこの出力端子Y10に接続されていますと,このランプが点灯/消灯してくれるようになります。

出力ユニットの出力端子の構造をリレー接点を使ってモデル的に表わしますと図2.12のようになります。

このように,PLCのプログラムでPLC出力リレーをON/OFFすることは,すなわち,同じ番号の出力リレー接点をON/OFFして,同じ番号の端子とCOM端子の間の状態を,導通/非導通に切替えることになります。

図2.13にはこのプログラムを実行したときの各部の動作をタイムチャートに記載しました。

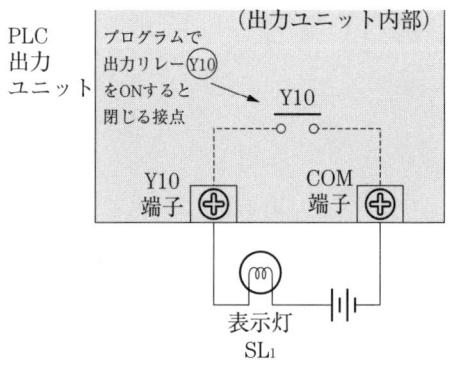

図2.12 出力リレーY10の内部回路モデル

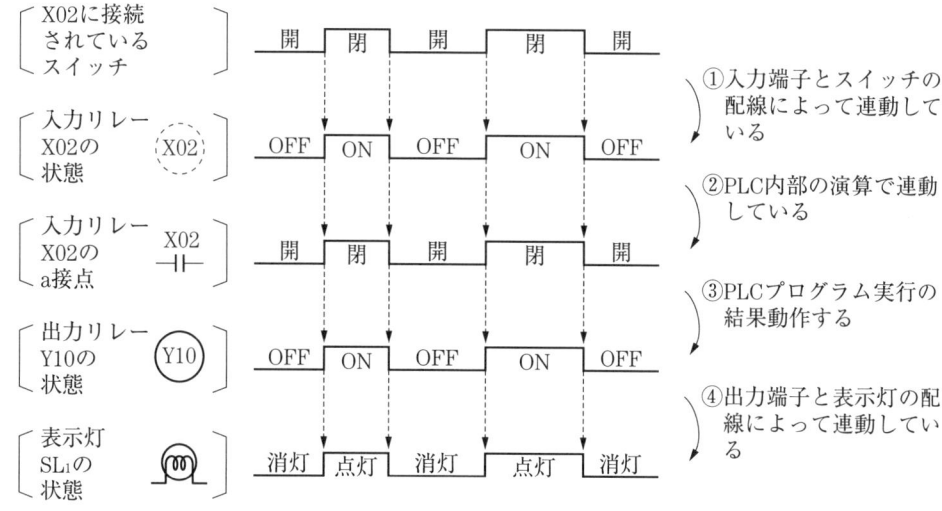

図2.13　タイムチャート

2.9　PLCの補助リレーを使ったプログラミング

　PLCのプログラムで使用するリレーは入力リレーと出力リレーだけでなく，複雑なプログラム構造に対応するために，補助的に利用できるリレーが用意されています。この補助的なリレーは，入出力リレーのような外部機器との接続をするためのものではなく，プログラムの中だけで使用されるものです。これはPLC内に仮想的に作られているリレーという意味で，内部リレーとか仮想リレーなどと呼ばれることもありますが，ここでは補助リレーと呼ぶことにします。

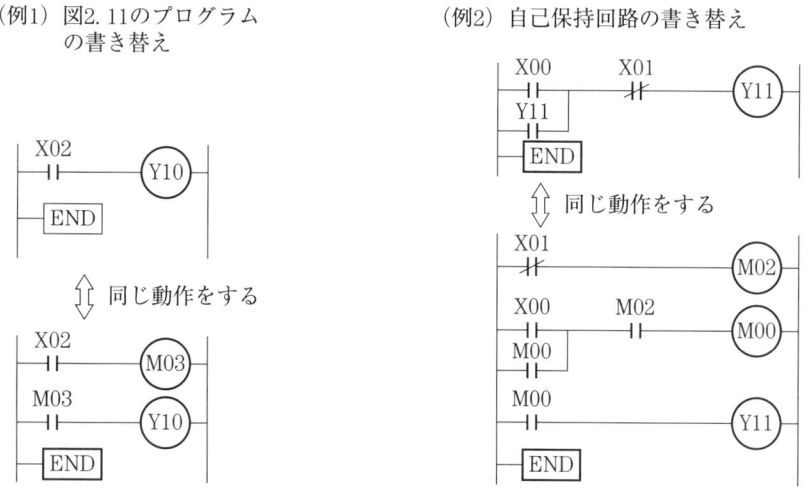

図2.14　補助リレーMをつかった書き替えの例

補助リレーを表わす番号として，本書ではリレーの頭文字にMを付けたもので表現することにします。したがって，補助リレー番号はM 00，M 01，M 02，M 03……となります。

この補助リレーは，プログラムの中で自由に使うことができます。例えば，図2.11のプログラムを図2.14の例1のように変更しても，実行したときの動作は同じです。

ですから，この補助リレーを上手に使ってプログラミングすることでわかり易く，豊かな表現力をもつプログラムを作ることができるようになります。

ちなみに，図2.14のタイムチャートは図2.15のようになります。

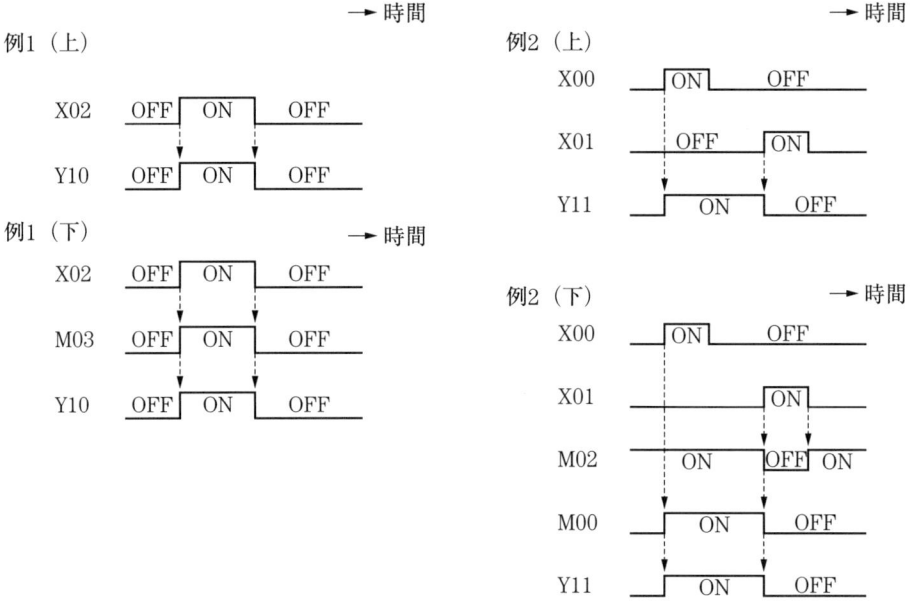

図2.15　タイムチャート（横軸は時間）

2.10　PLCのタイマー

ここではPLCのタイマーとして最もよく利用されるオンディレイタイマーを単にタイマーと呼んで解説していきます。

PLCのプログラムで使用するタイマーも，補助リレーと同じように仮想的に用意されたもので，直接外部機器とのやりとりは行いません。

タイマーは，タイマーリレー（T00，T01，…）と，タイマー接点（─┤T0├─，─┤T0├─，─┤T1├─，…）で構成されています。タイマーリレーがプログラムでONすると，PLC内部にある1 ms，10 msなどのクロックパルスを加算計算し，これがあらかじめ設定されたタイマー設定値に達したときにタイマー接点を動作するものです。

いったんタイマー接点が動作すると，その状態のままで保持されますが，タイマーリレーがOFFした瞬間にタイマー接点もリセットされて元の状態に復帰します。

2.10 PLCのタイマー

●タイマーリレーの記述の仕方

タイマーリレーの記述の仕方を図2.16の例を使って示します。トグルスイッチがONして2秒してからランプを点灯するには図2.17のようなラダー図になります。

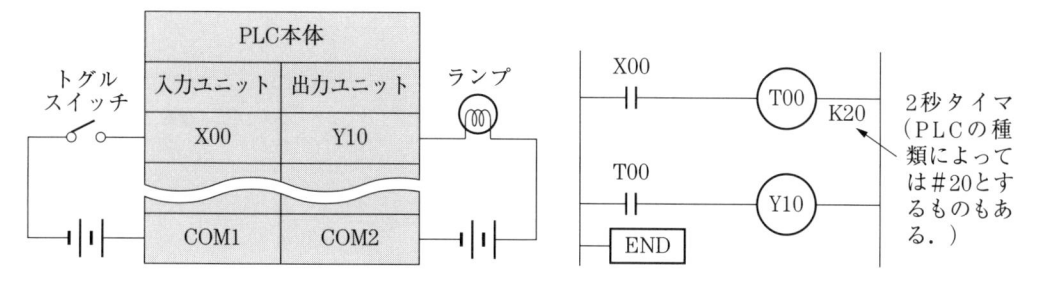

図2.16　スイッチとランプを配線したPLC　　図2.17　タイマー回路(T00は0.1秒タイマとする)

ここで，この中のKまたは#は，その後につづく値が定数であることを意味するものです。このタイマーリレー(T00)の設定値が0.1秒単位としますと，2秒を設定するにはK20（または#20）とすればよいことになります。

図2.17のタイマーを使ったプログラムのタイムチャートを図2.18に示します。

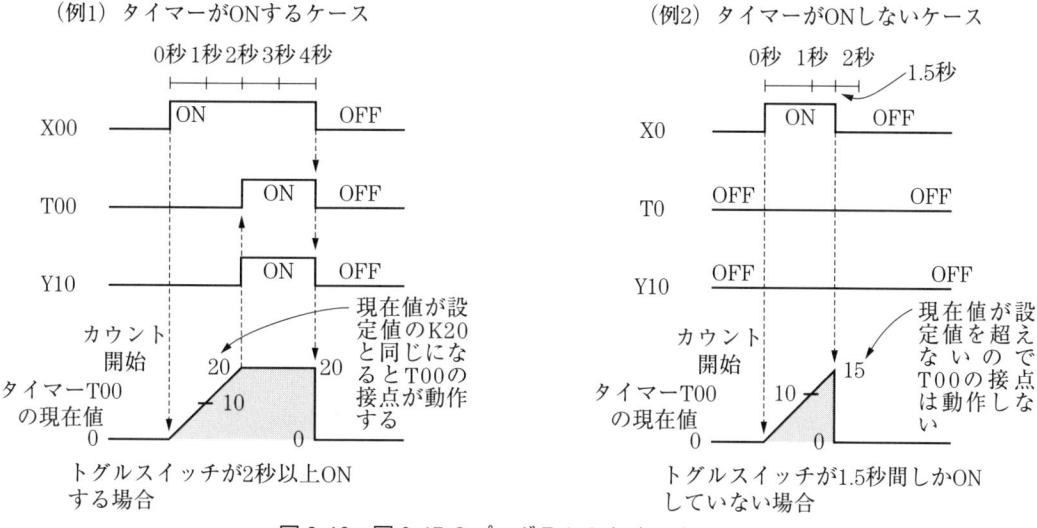

図2.18　図2.17のプログラムのタイムチャート

タイマーリレーを使用するときの一般的な注意事項は次の通りです。

（1）　タイマーリレーはT00，T01，T02……と通常連番で使えるが，PLCの機種によっては，タイマーリレーの番号によってタイマの設定値が0.1秒単位であったり0.01秒単位であったりするので，マニュアルのリレー割付表で確認しておかなくてはならない。

（2）　タイマーリレーはカウンタリレーとPLCのメモリエリアを共有している場合がある。このような機種のPLCではタイマーとカウンタに同じ番号を重複して使うことができない。例えば，タイマーとしてT01をプログラム上で使うとカウンタC01は使えなくなるような機種がある。

（3）　オンディレイタイマを使って出力リレーをオフディレイすることができる。オフディレイプログラムの作り方は次のようになる。

　　図2.16の回路において，トグルスイッチがONすると同時にランプが点灯して，トグルスイッチを切ってから3秒後にランプが消灯するようなオフディレイ出力とするときは図2.19のようにプログラムを作る。

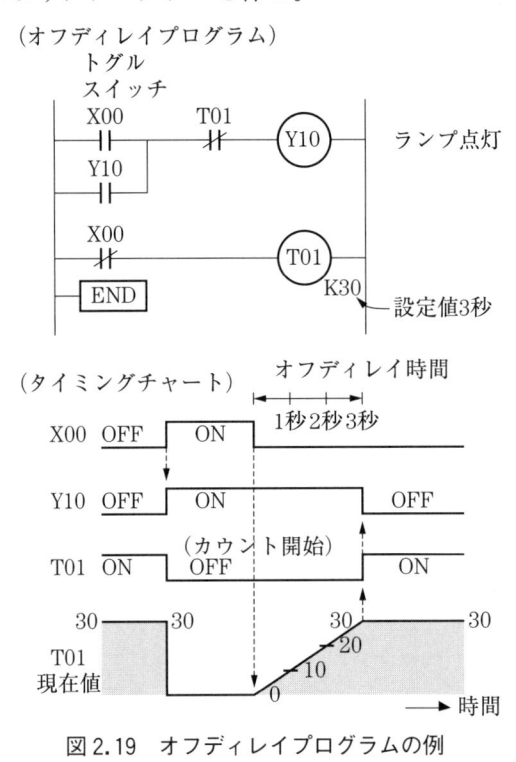

図2.19　オフディレイプログラムの例

2.11　PLCのカウンタ

　ここでは，PCLのプログラムで使うカウンタとしてよく利用されるアップカウンタを解説します。

　カウンタはPLCのプログラム上で使えるように仮想的に用意されたもので，直接外部機械とのやりとりはできません。カウンタはカウンタリレー（C 00, C 01, C 02……）とカウンタ接点（C0, C0, C1, …）で構成されています。カウント値はPLCの電源が切られても保持されるものが多いのですが，カウンタの番号やPLCの設定の仕方などによってカウンタの種類も変わってきます。

　タイマーの場合は，タイマーリレーを連続してON状態にしておいて設定時間が経過するとタイマーリレー接点が動作しましたがカウンタの場合は，カウンタリレーコイルを1回ONする毎にカウンタの現在値が1つ繰り上がります。2回目のカウントをするときには，いったんカウンタリレーコイルをOFFしてから再度ONしなくてはなりません。

2.11 PLCのカウンタ

カウンタの現在値を0に戻すには，カウンタリレーコイル番号ををリセット命令でリセットします。

● 回数計測プログラムの作り方

ここでカウンタを利用して回数を計測するプログラムの作り方を図2.20を使って説明します。

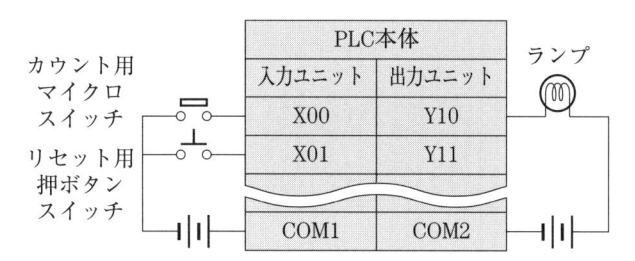

図2.20 マイクロスイッチの入力をカウントするためのPLC回路

入力ユニットX00にはカウント用のマイクロスイッチが接続されていて，マイクロスイッチが押されるたびにX00がON-OFFします。マイクロスイッチのON-OFF回数をカウンタリレーC10で計測して，5回まで数えたら，C10の接点でランプをONするようにしたプログラムが図2.21です。

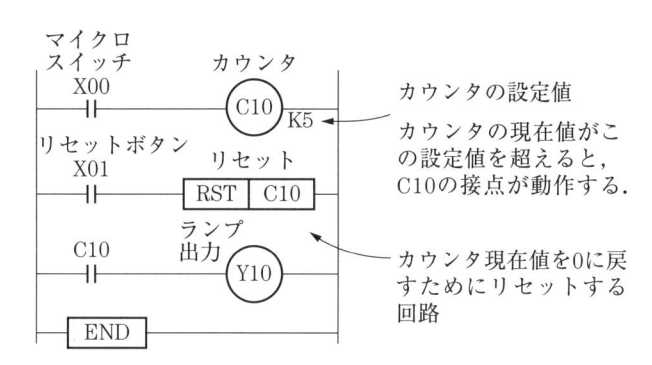

図2.21 入力X00の回数をカウントする

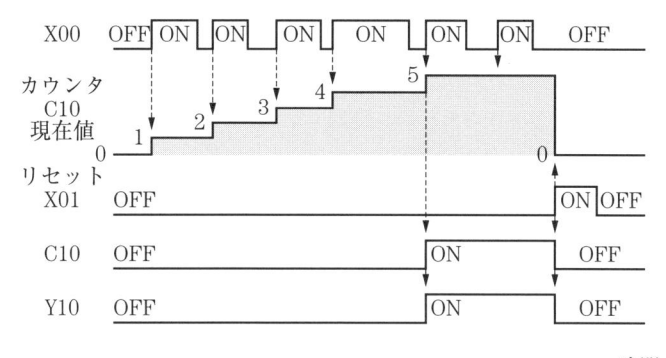

図2.22 タイムチャート

このプログラムでは，入力X01でカウンタの現在値を0にリセットするようになっています。このプログラムのタイムチャートは図2.22の通りです。

なお，図2.21のプログラムは，PLCの機種によっては図2.23ような形になることがあります。

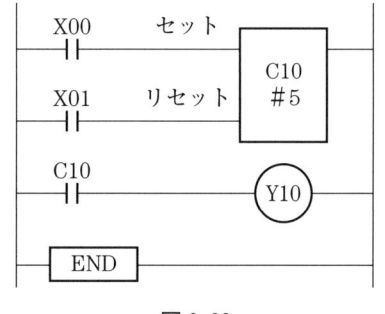

図2.23

2.12 PLCのリレー接点の接続

PLCのラダー図で使われる入出力リレー，補助リレー，タイマーリレー，カウンタリレーの全てのリレーは接点があり，この接点はプログラムの中で何回でも自由に使うことができます。

リレー接点を図2.24(a)のように直列に接続すると，接続されている全ての接点が閉じたときにだけリレーコイル（この場合Y12）がONします。

同図(b)のような並列接続の場合は並列になっている接点のどれか1つでも閉じていればリレーコイルはONすることになります。

同図(c)にような混在型も記述することができます。

詳細は第2編を参照して下さい。

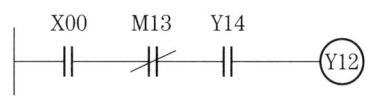

(a) 直列接続

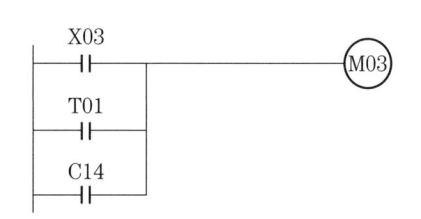

(b) 並列接続

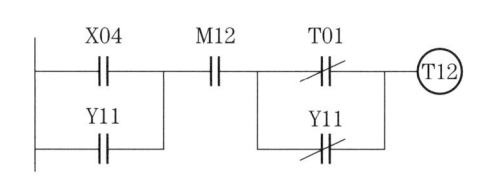

(c) 混在接続

図2.24 リレー接点の接続

第2章のまとめと補足

1. PLCに装着している入力ユニットと出力ユニットの入出力端子の動作にリンクするリレーを入出力リレーと呼ぶ。この入出力リレーはPLCのプログラムで使用する。

2. 外部入出力機器に入出力リレーの番号を割付けることをI/O割付けと呼ぶ。通常，I/O割付けに従ってPLCの入出力ユニットと外部入出力機器の配線を行う。

3. PLCに装着している入力ユニットと出力ユニットに割り振られる入出力リレーの番号はPLCの機種によって異なる。また装着したときの並びの順番や入出力点数によって割り振りはまちまちであるため，各PLCのユーザーズマニュアルなどで確認する必要がある。

4. 補助リレーは外部入出力に直接影響を与えずにプログラムの中で利用できる仮想的なリレーである。

5. PLCの入力端子に外部機器接点を接続することは，外部機器の接点のON/OFFを，接続した番号の入力リレーのON/OFFに置き替えたと同じ意味になる。

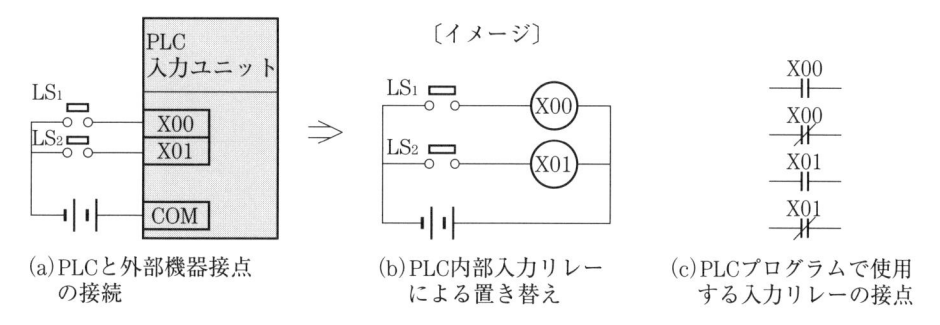

(a) PLCと外部機器接点の接続
(b) PLC内部入力リレーによる置き替え
(c) PLCプログラムで使用する入力リレーの接点

　したがって，プログラム中で使用される入力リレーの接点は接続している外部機器接点と同じ動作をすると考えることができる。

6. PLCの出力部はプログラム中で使用する出力リレーと同じ番号の有接点の端子が出力端子として実装されていると考えるとわかり易い。

第1編　第2章　PLCの構造とプログラム用リレー

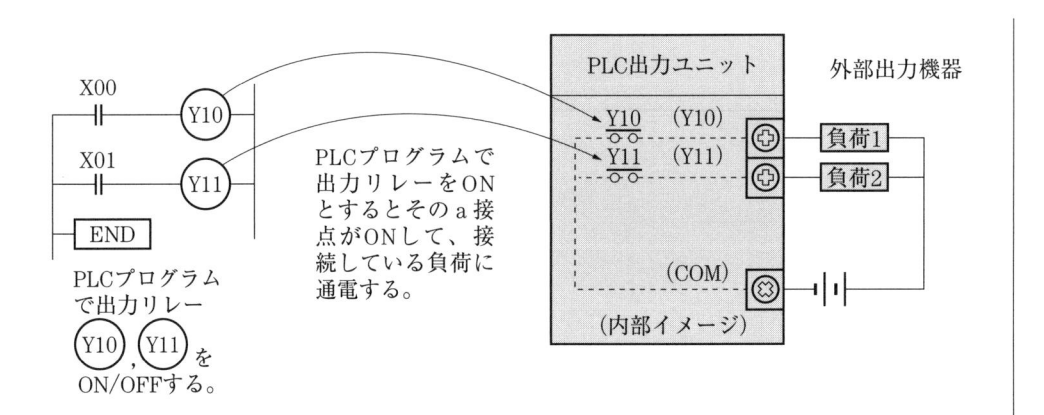

```
  X00
──┤├──────(Y10)
  X01
──┤├──────(Y11)
──[END]
```

PLCプログラムで出力リレー (Y10), (Y11) をON/OFFする。

PLCプログラムで出力リレーをONとするとそのa接点がONして、接続している負荷に通電する。

PLC出力ユニット
Y10　(Y10)
Y11　(Y11)
(COM)
（内部イメージ）

外部出力機器
負荷1
負荷2

　外部出力機器をその出力端子に接続した場合，プログラム中の出力リレーコイルをON／OFFすることは外部出力機器の接続した端子をON／OFFすることを意味する。

7. PLCのラダー図の中では制御プログラムの要素として出力リレーの接点（ ─┤Y10├─ ， ─┤Y10├─ ）を使うことができる。

●理解度テスト

演習問題［1］

図1のようにPLC入力ユニットのX02番端子に押ボタンスイッチPBが接続されている。押ボタンPBが押されるとそのa接点は閉じる。その他の入力端子には何も接続されていない。このとき次の問に答えよ。

（1）図2のようなプログラムを実行したとき，PBを押すとM00はどう変化するか。最も適当なものを次の中から選べ。
① PBを押す前はM00はオフ，押されるとM00はオンにかわる
② PBを押す前はM00はオフ，押されるとM00はオンにかわる
③ PBの動作にかかわらずM00はオン
④ PBの動作にかかわらずM00はオフ

（2）図2のプログラムを実行したとき，PBを押すとM05はどう変化するか。
① PBを押す前はM05はオフ，押されるとM05はオンにかわる
② PBを押す前はM05はオン，押されるとM05はオフにかわる
③ PBの動作にかかわらずM05はオン
④ PBの動作にかかわらずM05はオフ

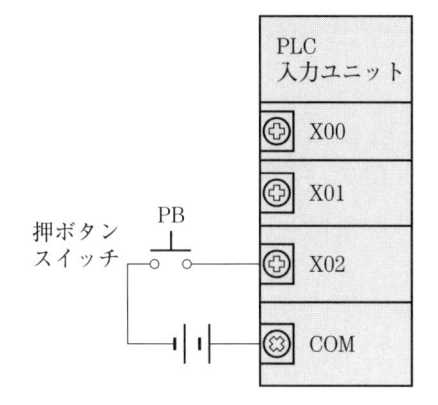

図1　入力ユニットの配線

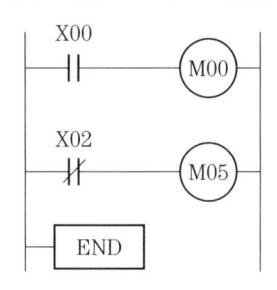

図2　プログラム

演習問題［2］

図1のようにPLC入力ユニットとPLC出力ユニットに外部機器が接続されている。入力ユニットの入力リレー番号X100にはトグルスイッチTG，入力リレー番号X101には押ボタンスイッチPBがいずれも

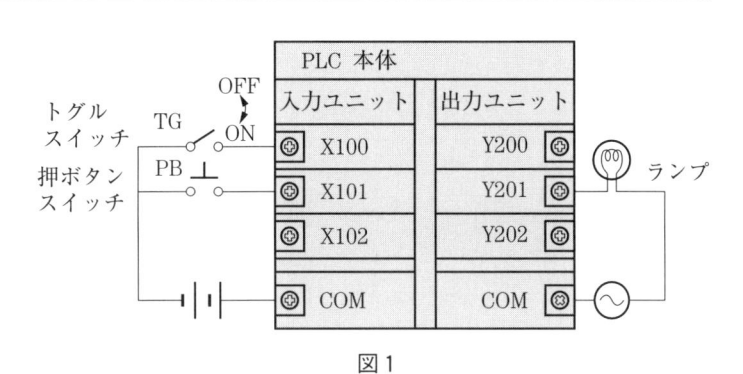

図1

第1編　第2章　PLCの構造とプログラム用リレー

a接点で接続されている。出力ユニットの出力リレー番号Y201にランプが接続している。このとき次の問に答えよ。該当するものは全て選べ。

（1）　TGの接点を閉じるとランプが点灯するプログラムは①〜⑧のうちどれか。

（2）　PBを押すとランプが点灯するプログラムは①〜⑧のうちどれか。

（3）　PBが押されていないときにランプが点灯して押されると消灯するプログラムは①〜⑧のうちどれか。

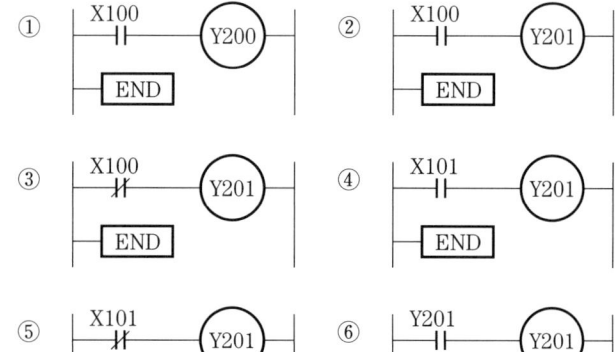

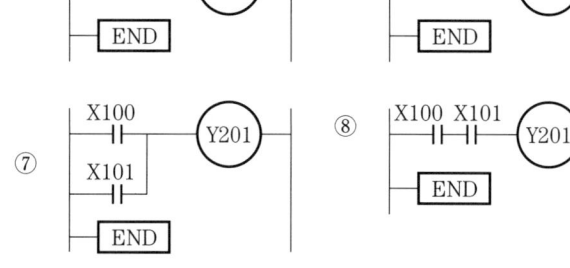

（4）　TGとPBの両方が押されたときはじめてランプが点灯するプログラムは①〜⑧のうちどれか

（5）　TGとPBのうち少なくとも1つの接点が閉じたときにランプが点灯するプログラムは①〜⑧のうちどれか。

（6）　TGとPBのいずれを押してもランプが点灯しないプログラムは①〜⑧のうちどれか。

① X100-a接点 → Y200、END
② X100-a接点 → Y201、END
③ X100-b接点 → Y201、END
④ X101-a接点 → Y201、END
⑤ X101-b接点 → Y201、END
⑥ Y201-a接点 → Y201、END
⑦ X100-a接点 または X101-a接点 → Y201、END
⑧ X100-a接点 と X101-a接点 の直列 → Y201、END

演習問題 [3]

図1のようにPLC入力ユニットの入力リレー番号X20とX21にそれぞれ押ボタンスイッチPB$_0$とPB$_1$が接続されている。

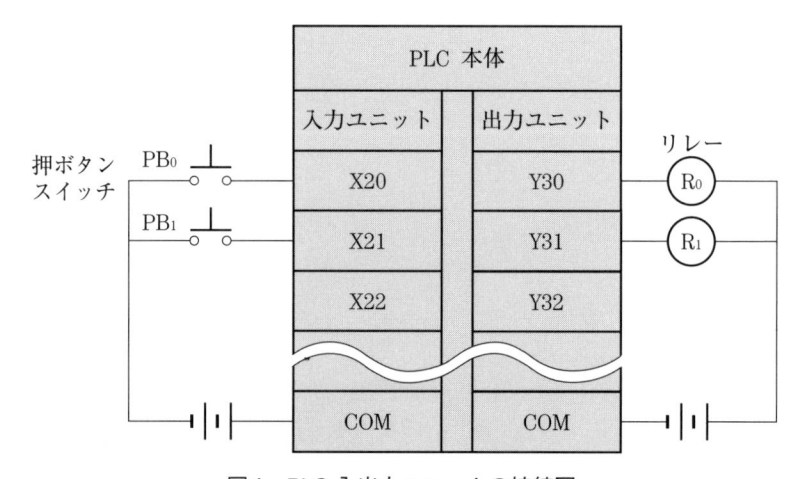

図1　PLC入出力ユニットの接続図

（PLC本体：入力ユニット X20, X21, X22, …, COM／出力ユニット Y30, Y31, Y32, …, COM。押ボタンスイッチPB$_0$はX20に、PB$_1$はX21に接続。出力Y30にリレーR$_0$、Y31にリレーR$_1$が接続されている。）

PLC出力ユニットの出力リレー番号Y30とY31には電磁リレーR_0とR_1が接続されている。

このとき，次の問に答えよ。

（1） PB_0を押してから2秒後にR_1をオンして，放すとオフするプログラムは次のうちどれか。ただし，PLCのタイマリレー（T00）の設定時間は0.1秒単位とする。

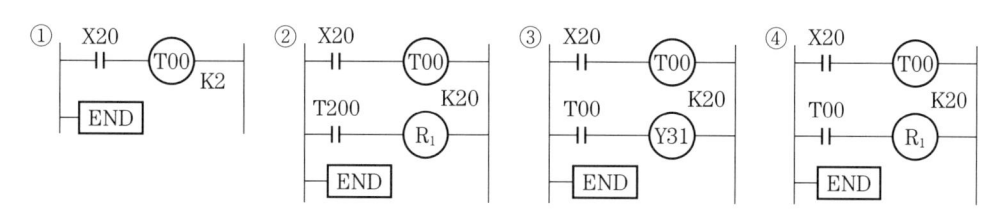

（2） 電磁リレーR_0とR_1のa接点をつかって図2のようにIM（インダクションモータ）を駆動する電気回路をつくった。R_0のa接点が閉じるとIMは正転し，R_1のa接点が閉じるとIMは逆転する。

PB_1を3秒間押しつづけるとIMが逆転しはじめるように制御するプログラムとして適当なものを次の中から選べ。

T01の設定時間は0.1秒単位とする。

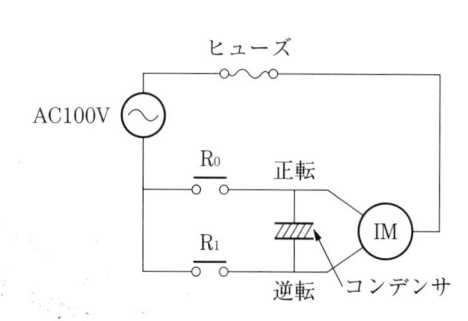

図2 モータの電気回路

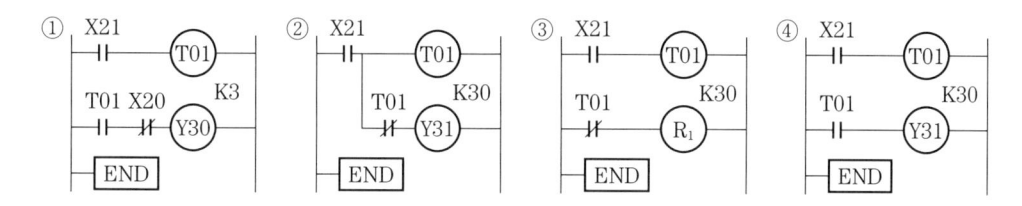

[解答]

演習問題［1］
　（1）—④　（2）—②

演習問題［2］
　（1）—②，⑦　（2）—④，⑦　（3）—⑤　（4）—⑧　（5）—⑦　（6）—①，⑥

演習問題［3］
　（1）—③　（2）—④

第3章

入力機器の接続方法

> PLCの入力端子にリミットスイッチやセンサ，スイッチなどの外部機器を接続する方法について解説する。

3.1 PLC入力ユニット

センサやスイッチなどのON/OFFの信号をPLCに取り込むには，PLCの入力ユニットを使用します。

PLCの入力ユニットにはDC入力タイプとAC入力タイプがあり，DC入力タイプはプラスコモンとマイナスコモンのものがあります。

図3.1は，プラスコモンのDC入力タイプの入力ユニットにいくつかの外部機器を接続

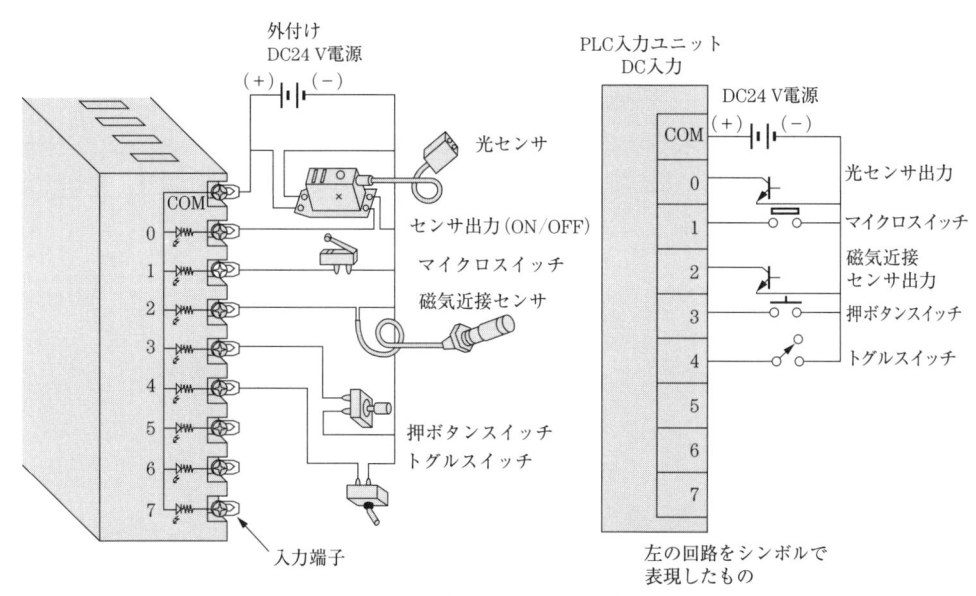

図3.1 DC 24 V入力ユニット（プラスコモン端子台型）と外部機器の接続例
（電源内蔵型の入力ユニットの場合は外付けのDC電源は不要）

した例です。

　PLCの入力ユニットのコモン端子（COM）に外部電源（DC 24 V）のプラス側を接続し，入力端子側に外部機器のアウトプット（信号線）を接続します。これをシンボルで表現したのが右側の図です。

　PLC入力ユニットの端子には0から順に入力番号が振られています。

　パッケージタイプなどのPLCでは，その番号は入力ユニットに記載されている番号通りになることが多いのですが，ベース装着タイプでは，入力ユニットを装着した並び順によって，割付られる入力リレー番号が変わってきます。

　例えばオムロンC 200 H系の例では，ベースのスロット番号0に装着した場合はチャネル番号が0 CHに，スロット番号1のときは1 CHになるので，8ビットの入力端子番号はそれぞれ，000～007と100～107になります。三菱A系の例では，スロット番号0はX 00～X 07でスロット番号1はX 10～X 17となります。

　本書では，入力ユニットであることがはっきりするように，入力リレー番号の先頭にXを付けてX 00，X 01……のように表現します。

　オムロン系のものに置き換えるときはこのXがチャネル番号になると考えればよいので，例えば2 CHならば，Xを2と読み替えて，X 00は200に，X 01は201というように考えればよいわけです。

3.2　有接点入力機器の接続

　PLCに外部機器からのON/OFF信号を入力する場合，PLCの入力ユニットの回路と外部機器の信号出力部の構造によって接続の形態が変わってきます。

　図3.2は，リレーの接点やリードスイッチ，押ボタンスイッチ，トグルスイッチなどのような有接点すなわち機械的な接点を有するプラスマイナスの極性のない入力信号の接続図です。図の中ではPLCの入力端子がINと表現されています。外付電源の電圧はPLC取扱説明書を見るか，パネル面の表示に従います。同図右側の一点鎖線の中のPLC入力ユニット内にある発光ダイオード（フォトカプラ）の向きで外付電源の極性が決まります。この電圧レベルと入出力機器の接点の特性が合っていなければうまくつながりません。

　接続するセンサ出力などが有接点で電圧が12～24 V程度の場合はあまり問題にならないことが多いのですが，電圧が5 Vとかの低電圧で電流も小さい場合などには，微小負荷用の接点でないと接点が閉じているのに電気が流れないなど，誤動作する原因になる場合があります。

　また，有接点のものでもLEDが付いていたり保護用のダイオードが付いているものは，極性や電圧の指定があるので注意します。

第1編　第3章　入力機器の接続方法

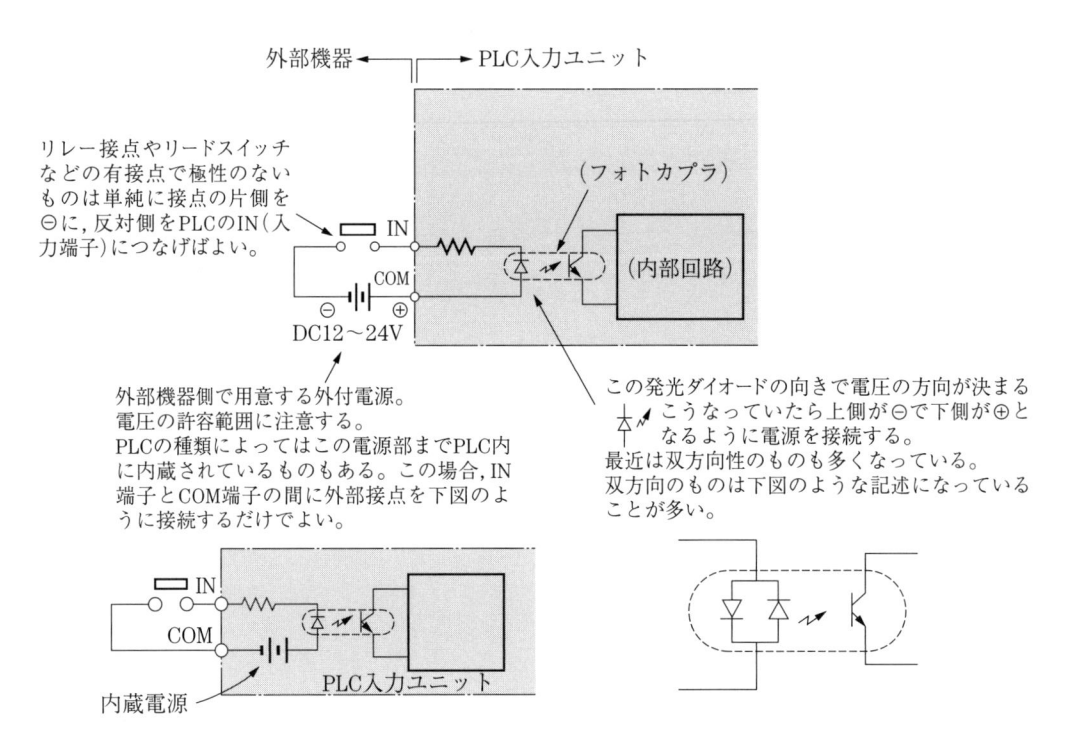

リレー接点やリードスイッチなどの有接点で極性のないものは単純に接点の片側を⊖に，反対側をPLCのIN（入力端子）につなげばよい。

外部機器側で用意する外付電源。電圧の許容範囲に注意する。PLCの種類によってはこの電源部までPLC内に内蔵されているものもある。この場合，IN端子とCOM端子の間に外部接点を下図のように接続するだけでよい。

この発光ダイオードの向きで電圧の方向が決まる　こうなっていたら上側が⊖で下側が⊕となるように電源を接続する。
最近は双方向性のものも多くなっている。双方向のものは下図のような記述になっていることが多い。

図3.2　極性のない有接点入力機器の接続

3.3　無接点入力機器の接続

　PLCの入力ユニットと無接点信号をもつ外部機器を接続するには，PLC入力ユニットのタイプと外部機器の無接点信号のタイプを合わせることが必要になります。

　最も典型的な組合わせに表3.1の2通りのものがあります。

表3.1　無接点入力機器とPLCの接続

	PLC入力ユニット	外部機器無接点信号
（1）組合わせ1	シンクタイプ （プラスコモンタイプ）	NPNトランジスタタイプ （NPNオープンコレクタタイプ）
（2）組合わせ2	ソースタイプ （マイナスコモンタイプ）	PNPトランジスタタイプ （PNPオープンコレクタタイプ）

　図3.3は組合わせ1の例で，シンクタイプのPLC入力ユニットにNPNトランジスタオープンコレクタタイプの入力機器が接続されています。

　同図の上側は回路図で，下側はPLCに接続するときの実体配線図です。PLCのコモン端子（COM）にDC電源のプラス側を接続し，PLCの入力端子にセンサアンプのコレクタ側を接続します。センサアンプのエミッタ側は電源のマイナス側に接続します。

　図3.4は組合わせ2の例で，ソースタイプのPLC入力ユニットにPNPトランジスタタ

3.3 無接点入力機器の接続

外部電源の電圧とこの抵抗値によって回路に流れる電流の大きさが変わる。その電流と電圧が周辺機器の出力トランジスタの許容範囲にはいっていることを確認する。

〔回路図〕

〔実体配線図〕

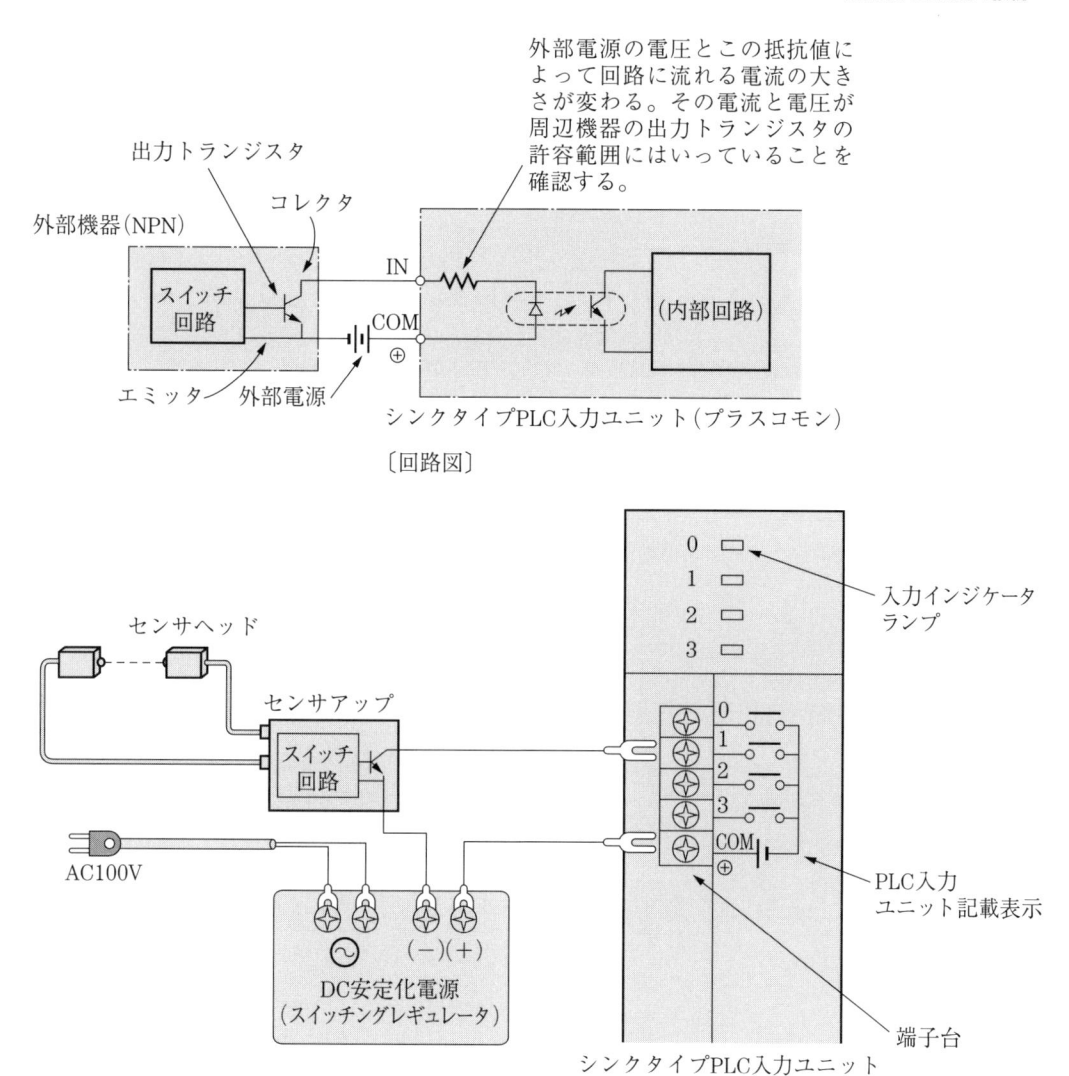

図3.3 NPN型無接点入力機器の接続

イプの信号機器が接続されています。

図3.3のシンクタイプのものと電源の向きが逆になっています。

NPN型とPNP型では接続の方法が異なりますので，ひとつのPLC入力ユニットに混在して配線できないことがあるので注意が必要です。

センサなどのON/OFF信号は，NPNトランジスタのオープンコレクタタイプの回路をもつものが多く見受けられます。これをシンクタイプのPLC入力ユニットにつなぐケースが一般的になってきています。

第1編 第3章 入力機器の接続方法

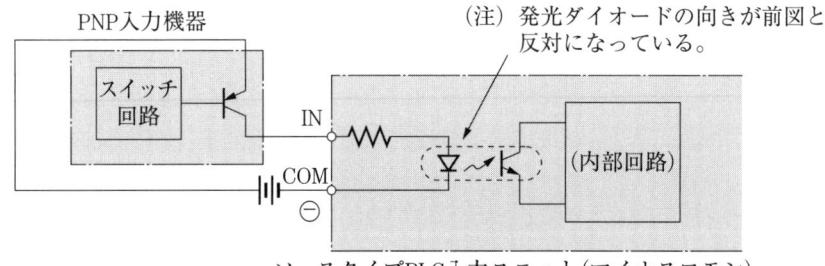

PNPトランジスタ型出力をもつ入出力機器との接続
（注）実際の回路にはブリーダ抵抗やダイオードなどが入っているが，ここでは回路を単純にしてわかりやすくするため記載していない。

〔回路図〕

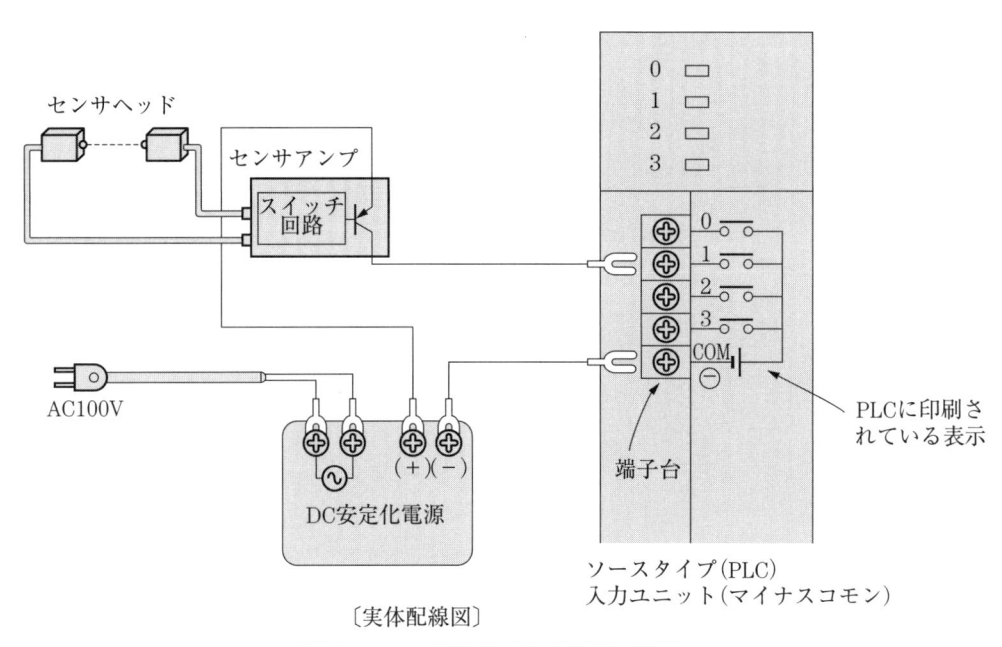

図 3.4 PNP型無接点入力機器の接続

3.4 IC出力型信号の接続とインターフェイス

センサや計測器の中には，TTLやCMOSといったICの出力が出ているものがあります。PLC入力ユニットの中には，DC 5 V系のTTL/CMOS対応のものも市販されていますので，それを使うと直接接続できる場合がありますが，他のセンサ類がDC 24 V系だったりすると同じ入力ユニットに全ての機器を接続することができません。TTLやCMOSは，電流容量が小さく，DC 24 V系などの通常の入力端子に入力するには，インターフェイスが必要になります。

インターフェイスは，TTLまたはCMOSの5 V出力をPLC入力ユニットのフォトカプラ用のLEDを十分ONできるだけの電流容量をもったトランジスタ出力に変換する機能

3.4 IC出力型信号の接続とインターフェイス

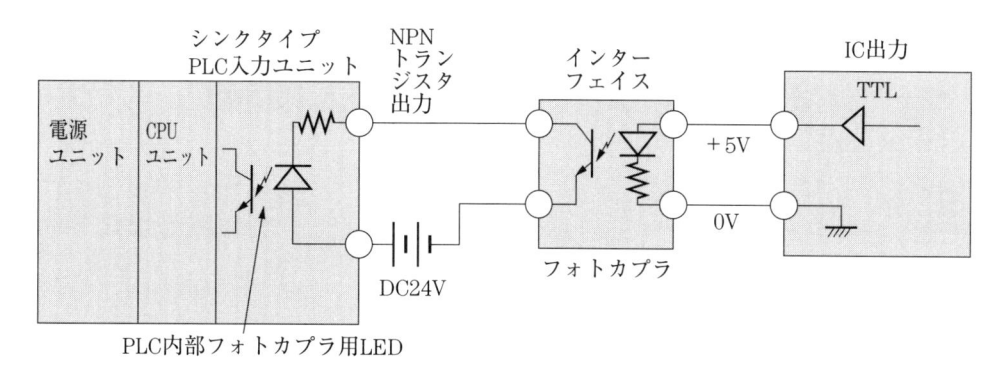

図3.5 フォトカプラをつかったインターフェイス例

をもっていることが必要になります。IC出力の電流許容量が比較的大きくてDC5V系のインターフェイス用フォトカプラのLEDを点灯できるだけの能力があれば，図3.5のようなインターフェイスを追加することでPLC入力ユニットに簡単に接続できます。

フォトカプラインターフェイスICとしては，例えばシャープPC 507，東芝TLP 520，NEC PS 2400などがあります。

フォトカプラインターフェイスICを直接ドライブできない場合，IC出力信号をトランジスタで増幅する方法があります。

このインターフェイスは，適当なトランジスタを選定して作成してもよいのですが，ダーリントントランジスタアレイ（Darlington Transistor Array）のIC素子を使うと比較的簡単にできます。例えば，TIのULN-2003Aや東芝のTD 62003 AP/Fなどを利用しますと，図3.6のような接続で，トランジスタ出力がすぐに得られます。ULN-2003Aは7回路入っているので，複数のTTLやCMOSのインターフェイスがつくれます。ただし，このようなトランジスタの中には応答速度が遅いものもあるので注意します。実際の配線はICの規格表などを参照して各素子の接続方法に従います。

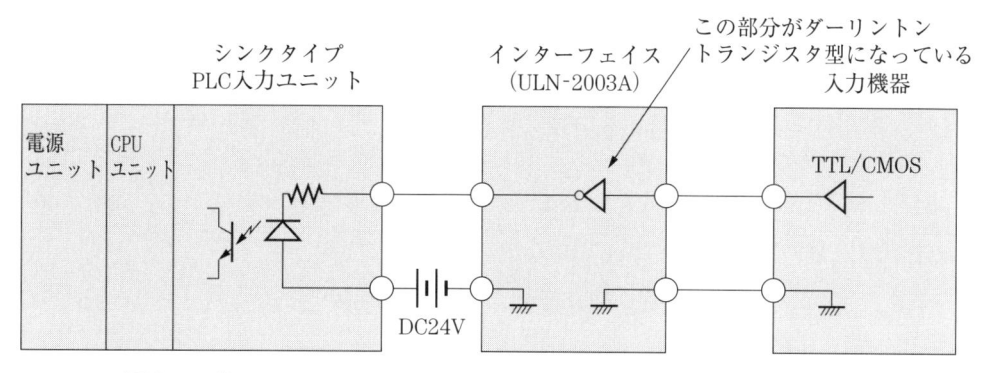

図3.6 ダーリントントランジスタアレイ素子を使ったインターフェイス例

3.5 アナログ計測タイプの入力機器

変位センサ,測長センサ,ポテンショメータ,温度センサ,圧力センサなどのアナログ出力タイプの機器の場合,出力形態がON/OFF出力でなく,測定結果を出力端子の電圧や電流の変化として出力します(図3.7)。

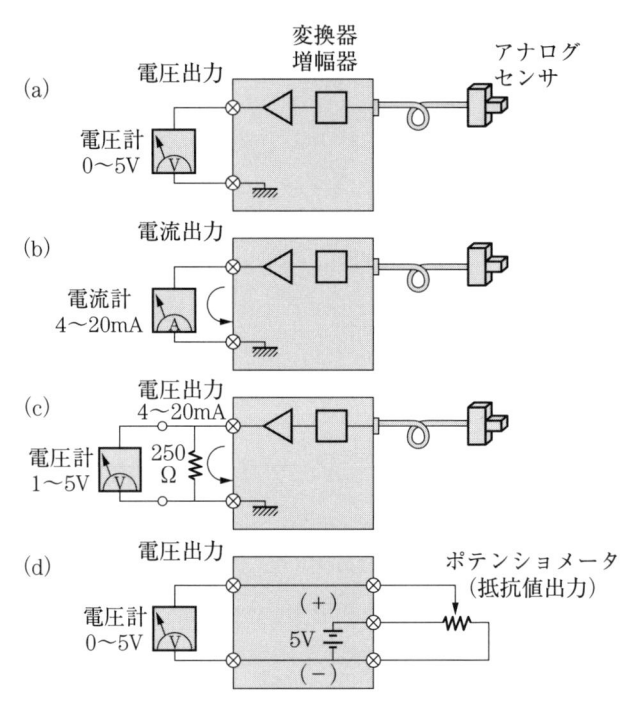

図3.7 アナログ計測タイプの入力機器の信号

たとえば変位センサの場合,設定されたフルレンジが5Vで変位10 mmとしますと,比例電圧出力の場合,5 mmの変位のとき2.5 Vの電圧が出力され,0 mmの場合0 Vとなります。これを0~5 Vのアナログ出力と呼んでいます(図3.7(a))。

また,電流出力の場合,測定結果を4~20 mAの定電流出力とするのが標準的です。例えば,変位センサの変位10 mmをフルレンジ20 mAとすると,変位0のときには4 mAの定電流源が出力になります(図3.7(b))。

このとき,電流出力端子とGND間に250Ωの抵抗をつなぐと出力端子は1~5 Vの電圧出力になります(図3.7(c))。

また,ポテンショメータのように抵抗が変化するタイプの出力は,固定されている抵抗部に5V電源を接続し,可変部の電位を出力しますと,0~5 Vの電圧出力が得られます(図3.7(d))。

ひずみゲージやロードセルなどは測定結果が抵抗値の変化として出力されますが,非常

に微小な変化なため，ポテンショメータのように簡単に電圧変化に変換できません。通常ブリッジ回路などを使った増幅器によって抵抗値変化を電圧出力や電流出力に変換します。これらをPLCに接続するときには，計測素子メーカーの推奨する専用の増幅器やインジケータを利用します。

3.6　アナログ計測タイプの入力機器とPLCの接続

アナログ計測タイプの入力機器をPLCと接続する方法の1つに，図3.8のようなアナログ入力ユニットを利用することができます。

この場合，入力機器から出てくる信号は，電圧出力あるいは電流出力となりますので，出力形態によってPLCに装着するアナログ入力ユニットを選定します。アナログ入力ユニットはアナログの値を2進数のデジタルデータに数値変換してPLCのCPUに渡します。

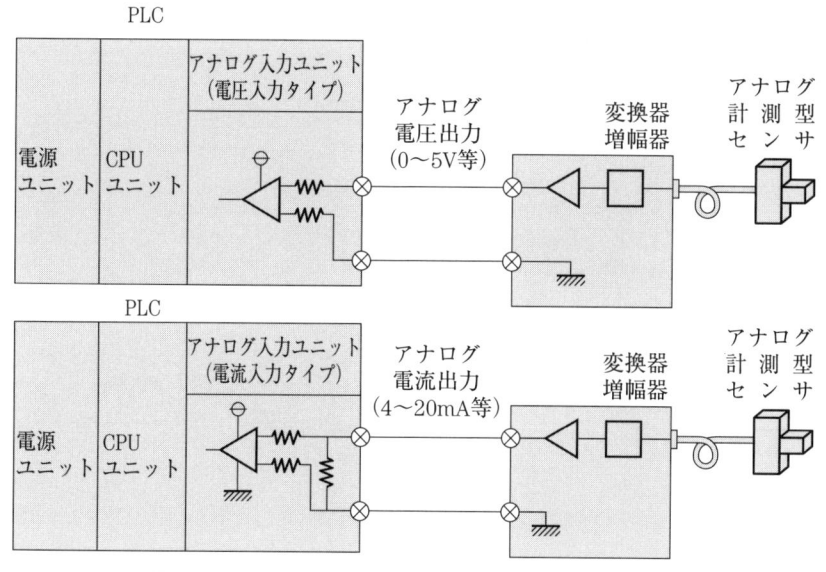

図3.8　アナログ入力ユニットを使ったPLCとの接続

これをPLC内部で応用命令を使って演算することで，デジタルデータとして保存したり，条件分岐などの制御に使うことができます。

一方，アナログ入力ユニットを使用せず，ON/OFF信号用の入力ユニット（デジタル入力ユニット）に接続するのに，コンパレータ（比較演算器）を利用する方法があります。

図3.9の例では，変換器や増幅器から出力される電圧出力をコンパレータでON/OFF信号に直しています。コンパレータは出力された電圧V_{out}と設定電圧V_{ref}との比較を行い，V_{ref}に対するV_{out}の大小によって出力信号をON/OFFします。

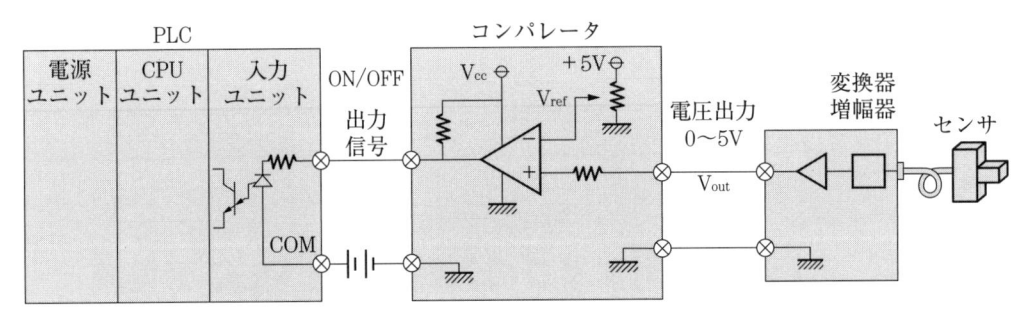

図3.9 アナログタイプの入力機器と入力ユニットの接続

また，計測タイプの入力機器の中には，コンパレータ機能をもっているものも数多くあり，大小判定するだけなら直接PLCのON/OFF型の入力ユニットに接続できるようになっているものを選定するのが簡便です。ただし，コンパレータを利用した場合，データを2値化してしまうので，測定データを保存したり，数多くの測定データの比較が必要なときなどには不向きです。

●アナログ入力機器（MM 3000シリーズより）

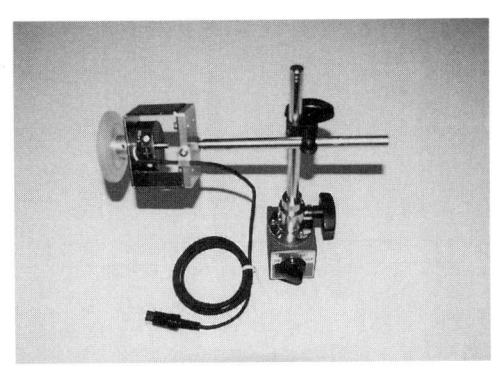

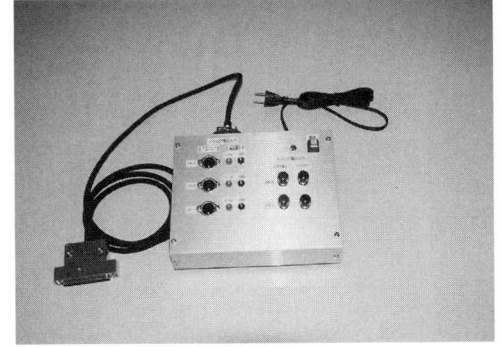

(a) ポテンショメータ　　(b) アナログ入出力インターフェイス

MM 3000シリーズはアクチュエータ，メカニズム，センサ類を自由に組合せて制御技術の実験ができる教育システム
問合せ先：㈱新興技術研究所　TEL　03-3417-1801
http://www.jcss.net/~shinko

第3章のまとめと補足

1. PLCのデジタル入力ユニットには，入力電圧や入力素子の特性によっていくつかの種類がある。自動機などによく使われる入力ユニットの種類を示す。

入力ユニットの種類	入　　力　　特　　性		
AC入力ユニット	電源外付型　AC 100 V　AC 200 V		
DC入力ユニット	電源内蔵型　DC 24 V		
	電源外付型 シンクタイプ （プラスコモン）	DC 5 V　DC 12 V　DC 24 V	
	電源外付型 ソースタイプ （マイナスコモン）	DC 5 V　DC 12 V　DC 24 V	

2. 一般的な機械的な接点で開閉するタイプの押ボタンスイッチやトグルスイッチ，マイクロスイッチなどの極性がないものはPLCの入力ユニットとも簡単に接続できる。

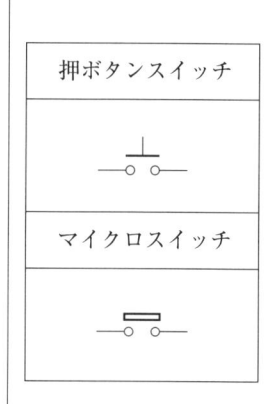

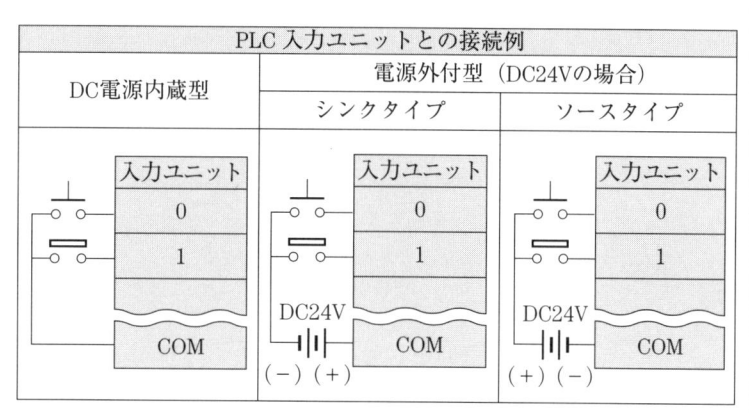

有接点スイッチを接続するときには，スイッチで開閉可能な電圧と電流を調べ，PLC入力ユニットの電気特性がその範囲に入っているかを確認しておく。

3. PLC入力ユニットの種類と入力機器の出力段回路によって接続の方法が異なる。

　（1）　プラスコモン（シンクタイプ）入力ユニット

　　① 極性なし有接点[*1]　　② 極性あり有接点[*2]　　③ NPNトランジスタ[*3]

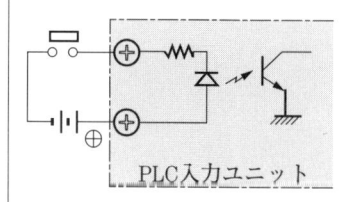

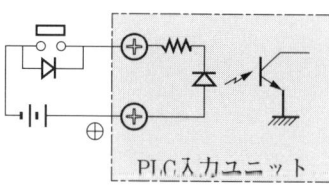

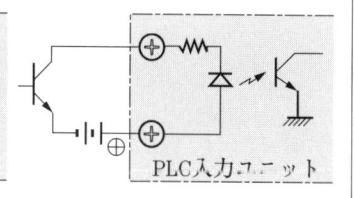

（2） マイナスコモン（ソースタイプ）入力ユニット

① 極性なし有接点*1　　② 極性あり有接点*2　　③ PNPトランジスタ*4

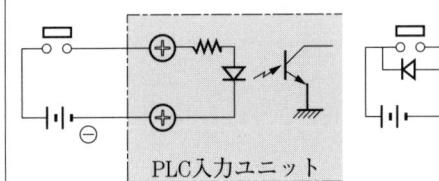

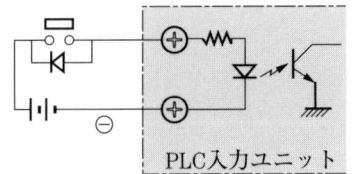

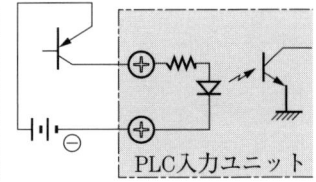

　　　PLC入力ユニット　　　　　PLC入力ユニット　　　　　PLC入力ユニット

*1　押ボタンスイッチやトグルスイッチ，リミットスイッチなどの有接点で電気的極性（＋，－）の方向や電圧の設定のないもの。

*2　有接点であっても，LEDがついていたり接点保護用のダイオードがついていたりすると，極性や電圧の設定がある。たとえば空気圧シリンダのインジケータ付のリードスイッチや磁気センサの一部の機種にもこのタイプがある。

*3　光学式のマイクロスイッチや光電センサ，近接スイッチなどに多く用いられるNPNトランジスタ型のもの。当然極性や電圧の条件がある。

*4　NPNトランジスタ型の入力機器と並んでPNP型のトランジスタ出力型のものがある。NPNと同様に極性の電圧の制限があるが，NPN型のものとは接続方法が異なる。

4. TTLやCMOSなどのIC出力をPLC入力ユニットに接続するときには，TTL/CMOS対応の入力ユニットを使うか，インターフェイス回路をつくる必要がある。

5. アナログ計測タイプのセンサを接続するときはPLCのアナログ入力ユニットを増設するか，コンパレータ回路をつかってアナログセンサ信号をON/OFF信号に変えてからPLC入力ユニットに接続する。

●理解度テスト

演習問題 [1]

電源内蔵型のPLCの入力ユニットに図1のように押ボタンスイッチSW_0, SW_2及びリミットスイッチLS_1を正しく接続した。入力ユニットには各入力端子毎にインジケータランプがついていて入力の状況を見ることができる。

PLCは正しく起動しているものとして次の問いに答えよ。

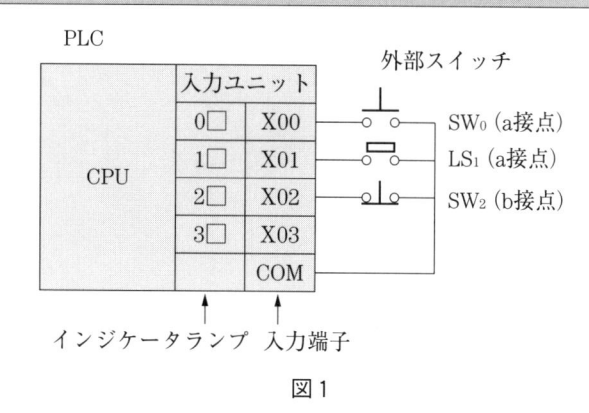

図1

(1) 外部スイッチがいずれも押されていないときの0～3のインジケータランプの状態として最もふさわしいものを図2の@～⑥から選べ。

インジケータ ランプの番号	インジケータ状態（○：点灯，×：消灯）							
	@	ⓑ	ⓒ	ⓓ	ⓔ	ⓕ	ⓖ	ⓗ
0	×	×	×	×	○	○	×	○
1	×	×	×	○	×	○	○	○
2	×	×	○	×	×	×	○	○
3	×	○	×	×	×	×	○	×

図2

(2) 外部スイッチSW_2だけが押されたときの状態として最もふさわしいものを図2の@～⑥から選べ。

(3) 外部スイッチSW_0とSW_2だけが押されたときの状態として最もふさわしいものを図2の@～⑥から選べ。

(4) リミットスイッチLS_1は図3のようにドアが完全に閉まるとスイッチが押されるような構造になっているものとする。SW_0とSW_2のスイッチは押されていない状態で，ドアを完全に閉じた。このときのインジケータランプの状態として最もふさわしいものを図2の@～⑥より選べ。

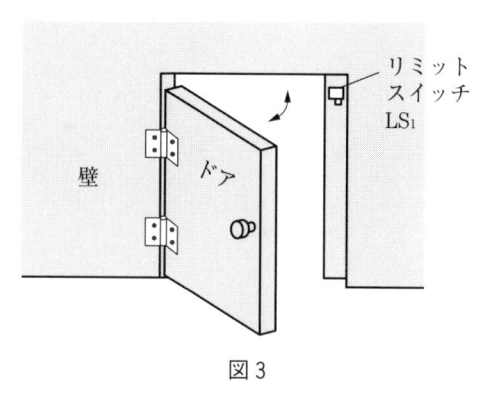

図3

第1編　第3章　入力機器の接続方法

●実験機器（MM 3000 シリーズより）

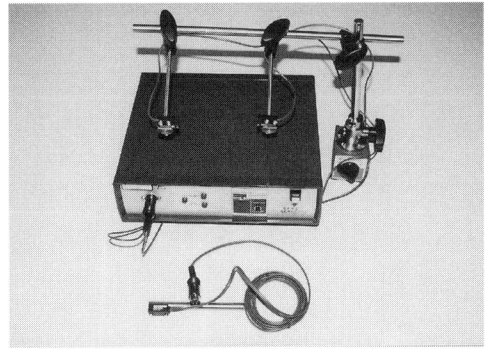

(a) 光電センサ

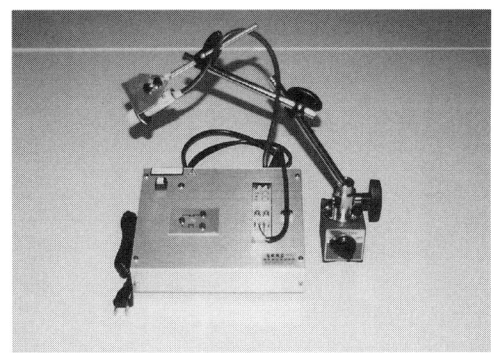

(b) 超音波センサ

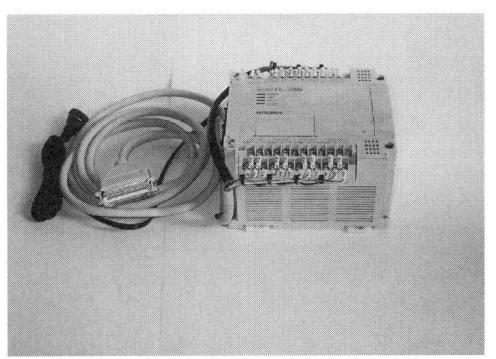

(c) パッケージタイプ PLC
（ターミナル I/O ボックス接続コネクタ付）

(d) ターミナル I/O ボックス
（外部機器接続用パネル）

［解答］
演習問題［1］
　（1）―ⓒ，（2）―ⓐ，（3）―ⓔ，（4）―ⓖ

第4章 出力機器の接続方法

PLC 出力ユニットの出力端子にはランプやリレー，モータ，ソレノイドバルブなどの外部機器が接続されます。本章では，PLC 出力ユニットと外部機器の接続の仕方を学びます。

4.1 出力機器の接続

　PLC の出力端子で外部機器の ON/OFF を行う場合，問題となるのが制御電圧と電流の大きさです。ここではまず，一般的によく使われるリレー接点出力タイプと，トランジスタオープンコレクタ出力タイプの PLC 出力ユニットを例にとって接続の方法を見てゆくことにします。

　リレー接点タイプは交流も直流も両方流せるので便利ですが，スイッチングできる電流は，たとえば抵抗負荷で 1 A まで，誘導負荷で 0.5 A までなどといった制限があります。

　LED や小形リレーなどの軽負荷であればせいぜい 100 mA までに納まりますので問題なく直接接続できますが，インダクションモータなどの比較的大きな負荷になってきますと，たとえば 15 W クラスのものでも 0.4 A くらい流れるので，その上のクラスのものでは直接 ON/OFF することはむずかしくなります。また，許容範囲内であっても，モータなどの誘導負荷では接点の開閉時に火花が発生し，接点の劣化も激しくなるので，信頼性に欠ける結果になることがあるので注意します。

　このようなケースでは，いったん容量の大きなリレーに置き換えてからモータに接続することが望ましくなります。ただし，モータの種類によっては，大きな負荷のものでも，専用のドライブ回路をもっていたりすると，制御に使う電流は微小なものでよい場合があり，PLC に直結できるものもあります。

　モータと並んで多用される出力機器に空気圧シリンダを動かすソレノイドバルブがあります。一般的にソレノイドで大きなストロークをとると大きな電力を消耗しますが，小形のソレノイドバルブはパイロットバルブを付けてあり，数十 mA 程度の小電力で駆動でき

第1編 第4章 出力機器の接続方法

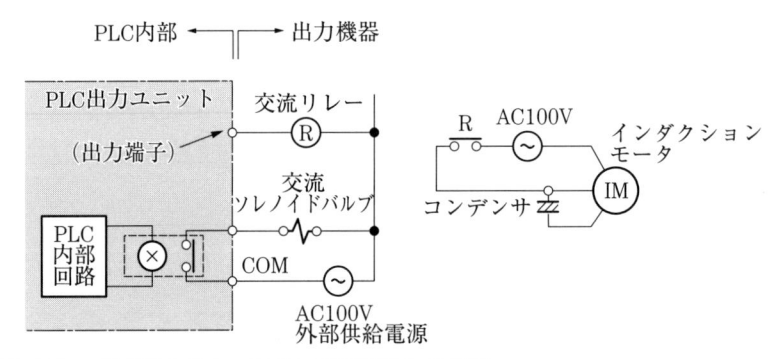

(a) リレー接点出力をもつPLCと交流機器との接続

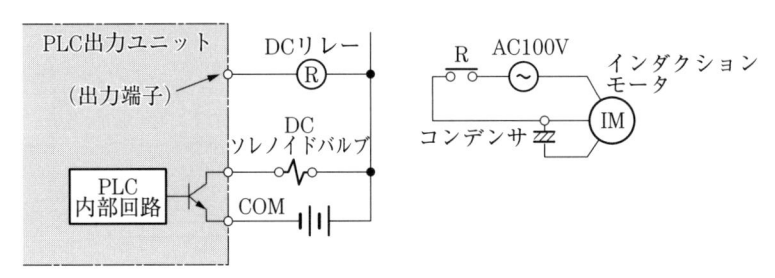

(b) オープンコレクタタイプ（シンクタイプ）PLC出力ユニットの接続

図4.1　PLC出力ユニットの接続

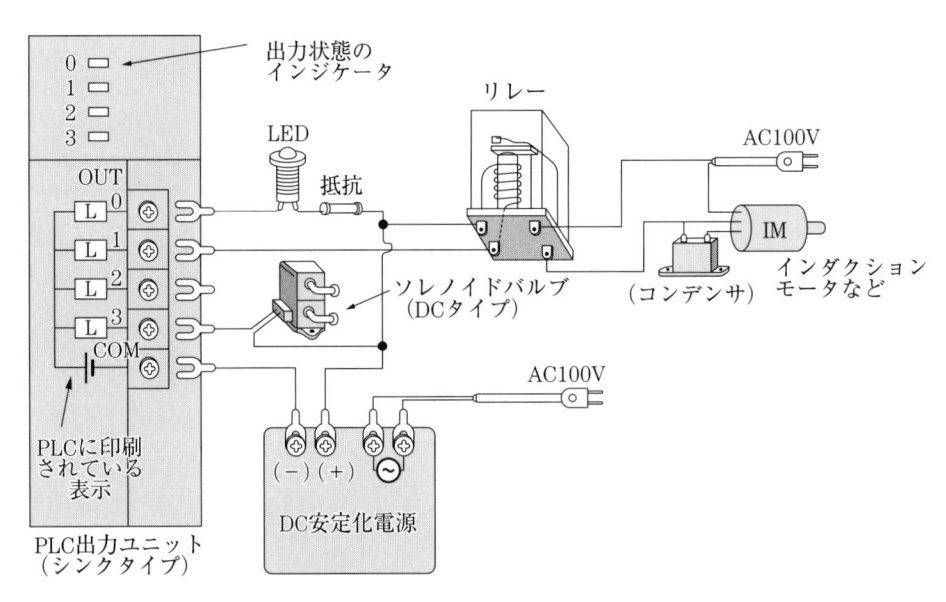

図4.2　リレー接点タイプまたはオープンコレクタタイプのPLC出力ユニットの接続例

るようにしてあるものが主流になってきていて，直接PLCのリレー接点やトランジスタ出力につなぐことができるものが多いようです。ただし，1Aを超えるような大きな電流が必要なソレノイドバルブもありますので，このようなものはモータと同じように，PLCの出力接点に外付リレーを付けるなどして，そのリレーの接点で駆動するようにします。

PLC出力ユニットとして，トランジスタのオープンコレクタのタイプを使うときには，数百mA程度の直流の負荷しか接続できないので接続に注意が必要です。電圧が合えば，リレー接点タイプと同じような使い方になりますが，交流を流すときには外付のリレーを付けるなどしてその接点を使うことになります。

図4.1は，リレー，ソレノイドバルブ，モータとシーケンサ出力ユニットの接続例で，図4.2は，図4.1(b)の実体配線図です。

次の項ではPLCの出力ユニットの接続の仕方を具体例をあげながら見てゆくことにしましょう。

4.2 出力ユニットの種類と接続方法

PLCの出力ユニットに接続する機器の接続方法は，出力ユニットの出力段回路（出力端子に直結している部分の回路）のタイプによって異なります。よく使われるタイプにはトランジスタ，トライアック（またはSSR：ソリッドステートリレー），リレー接点出力などがあります。

トランジスタタイプは12V～24Vのものが主流で，電流容量を満たしていれば，この電圧の負荷装置を直接駆動できます。

ところが，たとえばAC 100VやAC 200Vで動作するような電圧負荷や，流れる電流の大きさが，出力ユニットの許容値を上回るような負荷の場合は，直接接続できないのでトランジスタの出力端子にリレーをつないで，リレーの接点をつかってその負荷を駆動するような接続方法をとります。（図4.1(b)）

逆に，トライアックタイプは，AC 100Vなどの交流電圧に対応することができる素子を内蔵していますので，それに合った交流負荷を直接駆動できます。ただし，流れる電流の大きさが出力ユニットのトライアックの許容値を超えたり，下まわったりする場合には，やはりリレーを介在させる必要があります。

有接点のリレー出力タイプのPLC出力ユニットでは，直流・交流電圧の区別なく利用できます。ただし，いくつかのリレー接点をまとめて，1つの共通コモンになっているものについては，1つのコモンに対して，1つの電圧を設定します。たとえば2つのコモンがあれば，その1つをAC 100V，もう1つのコモンをDC 24Vというふうに設定できます。

リレー出力の場合，機械的な接点を使っているため，無接点のものに比べると反応が遅く，寿命が比較的短いのが特徴です。また，PLCに組込むためにリレー本体も超小形の

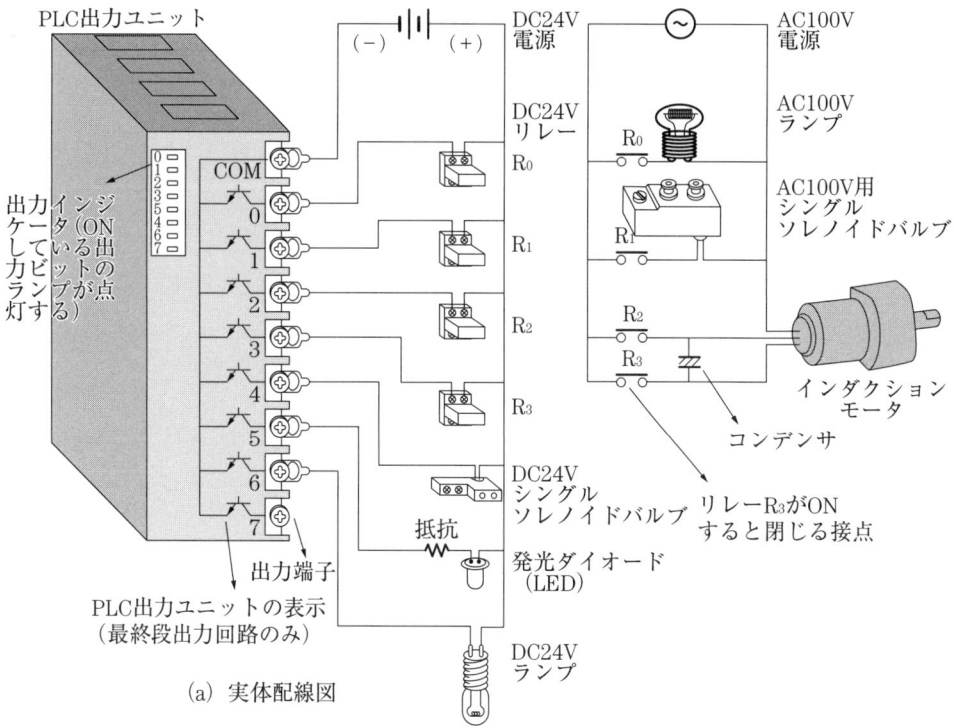

第1編　第4章　出力機器の接続方法

(a) 実体配線図

出力ビット	ON	OFF
0ビット	R_0 → ON (AC100V ランプ点灯)	R_0 → OFF (同消灯)
1ビット	R_1 → ON (AC100Vシングル ソレノイドバルブ切換)	R_1 → OFF (同復帰)
2ビット ※	R_2 → ON (インダクション モータ正転)	R_2 → OFF (正転停止)
3ビット ※	R_3 → ON (インダクション モータ逆転)	R_3 → OFF (逆転停止)
4ビット	DC24V シングルソレノイド バルブ切換	同復帰
5ビット	発光ダイオード 点灯	同消灯
6ビット	DC24V ランプ点灯	同消灯

※この図の回路の場合，リバーシブルモータが発熱するので2ビット目と3ビット目を同時にONしないこと

(b) PLC出力ユニットの各ビットのON/OFFによる動作

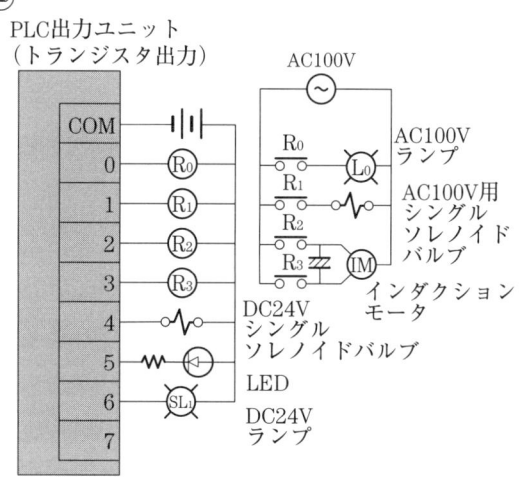

(c) シンボルを使った回路図

図4.3　トランジスタタイプPLC出力ユニット（端子台型）と出力機器のよく使われる接続例

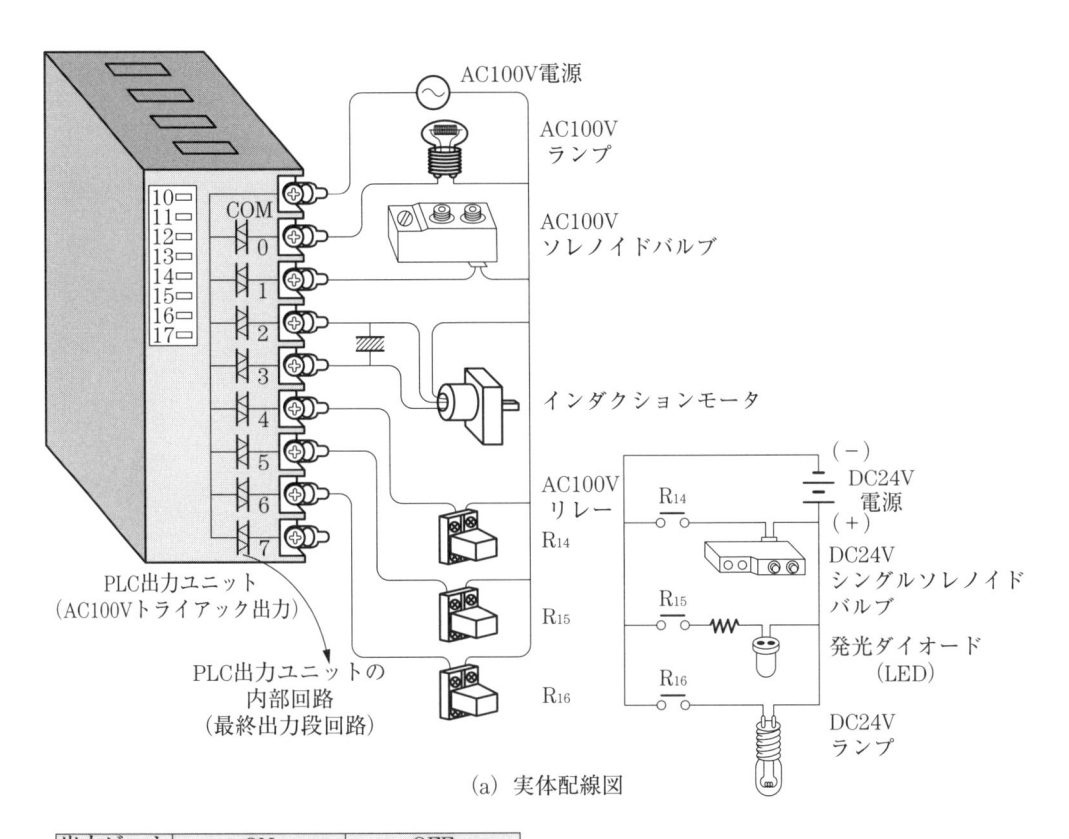

4.2 出力ユニットの種類と接続方法

(a) 実体配線図

出力ビット	ON	OFF
0	AC100V ランプ点灯	同消灯
1	AC100V シングルソレノイド バルブ切替	同復帰
2	インダクション モータ正転	正転停止
3	インダクション モータ逆転	逆転停止
4	R_{14} → ON DC24V (シングルソレノイド) バルブ切替	R_{14} → OFF (同復帰)
5	R_{15} → OFF (発光ダイオード) 点灯	R_{15} → OFF (同消灯)
6	R_{16} → OFF (DC24V) ランプ点灯	R_{16} → OFF (同消灯)

(b) PLC出力ユニットの各ビットの
ON/OFFによる動作

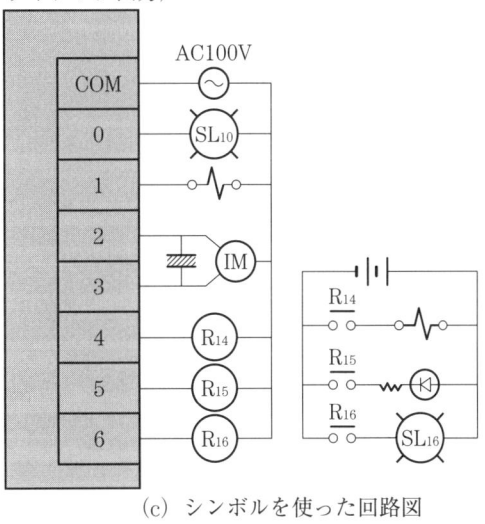

(c) シンボルを使った回路図

図4.4　AC 100 V トライアックタイプ PLC 出力ユニット（端子台型）を使って
　　　　図4.3と同じ回路を構成した例

ものを利用していますので，開閉能力があまり大きくなく，あまり大きな電流が流せないのが普通です。モータ，ソレノイドなどのような誘導負荷などを接続するときには，開閉できる電流の大きさがさらに小さくなります。

図4.3は，トランジスタタイプの出力ユニットを使って，DC 24 V駆動のランプ，LED，バルブ，リレーを直接ON/OFFする回路と，リレーを介してAC 100 V駆動のモータ，ソレノイドバルブ，ランプなどをON/OFFするための接続方法を記載しました。

図4.4は，AC 100 Vの電圧を直接ON/OFFできるトライアックタイプの出力ユニットを使った例です。図4.3とは逆にDC駆動の機器を動作させるのにリレーを介して接続し

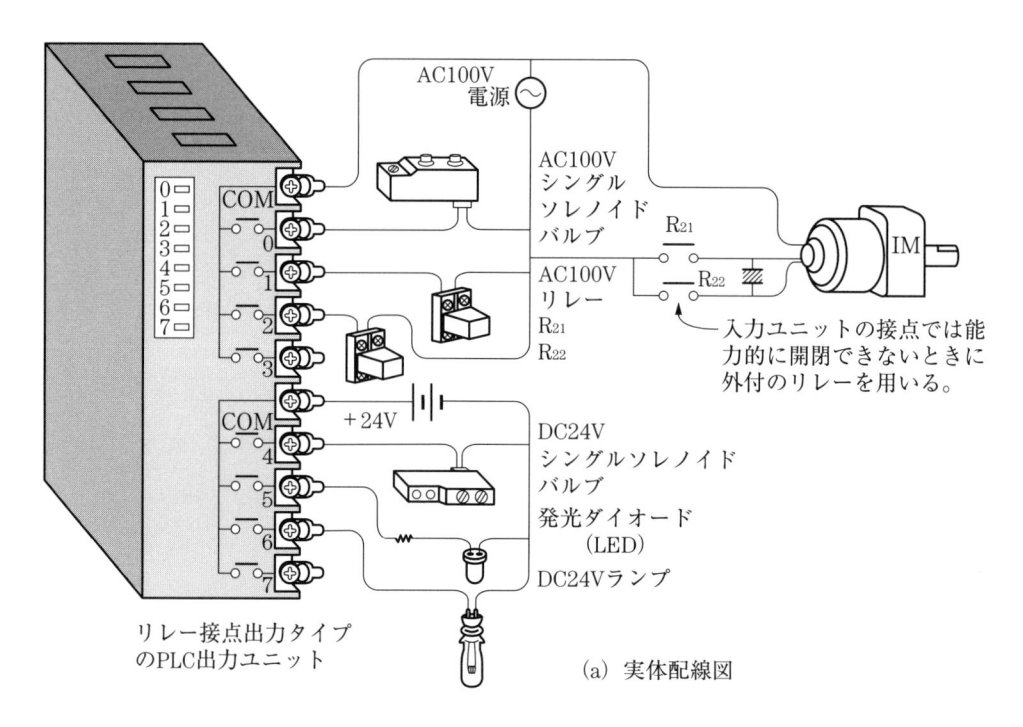

(a) 実体配線図

(b) シンボルを使った回路図

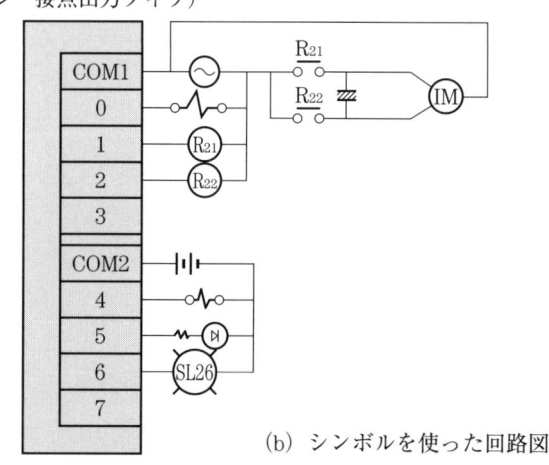

図4.5　リレータイプPLC出力ユニット（端子台型）を使った例

ています。

　図4.5は，リレータイプの出力ユニットで，コモンが4点ずつ2つに分かれているものの例です。リレータイプの出力ユニットであっても，リレー接点の開閉能力が負荷電流より小さい場合には，図のR_{21}，R_{22}のように大きな接点容量をもつリレーを介して制御をします。

　リレータイプはDC，ACのどちらにも対応できますが，共通コモンになっているものはそのどちらかを選択しなくてはなりません。また，トランジスタやトライアックなどの無接点の出力回路に比べて動作が遅くなったり，接点の劣化によって寿命が短くなりますので，高速のシステムなどでは信頼性を十分考慮する必要があります。

4.3　ソレノイドバルブと空気圧シリンダの接続

　PLCで空気圧シリンダを動作させるときにはソレノイドバルブを使用します。ソレノイドバルブは，電磁ソレノイドで働く空気圧バルブのことで，電磁ソレノイドをPLCでON/OFFすることで空気圧バルブを動かして空気の流れる方向を切替えるものです。

　ソレノイドバルブの空気圧制御回路をつくるときの記載例を以下に示します。

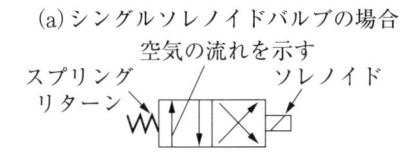

図4.6　ソレノイドバルブの記載方法

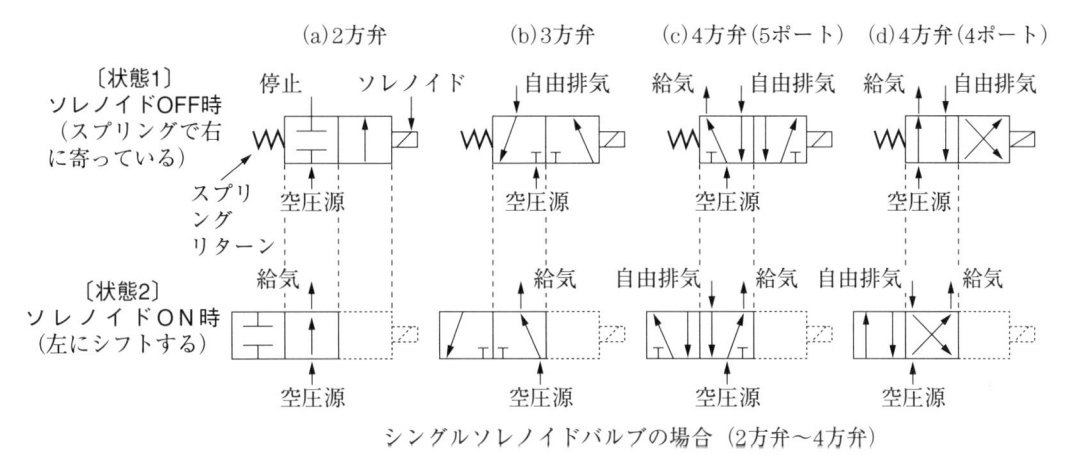

図4.7　ソレノイドバルブの動作

第1編　第4章　出力機器の接続方法

シングルソレノイドバルブは図4.6(a)のように □□ で示したバルブの片方側にソレノイドが1つ付いていて，その反対側にはプッシュタイプのスプリングリターンが付いているような表示方法となっています。

ダブルソレノイドバルブの場合は，リターン用スプリングの代わりにもう1つソレノイドを付けるので，同図(b)のような形になります。

シングルソレノイドバルブではソレノイドに通電している電気が切れるとリターンスプリングの力で元の状態に戻りますが，ダブルソレノイドバルブを使うと，いったんバルブが切替わると電気が切れてもそのときの状態を保持してバルブは切替わりません。

図4.7にはシングルソレノイドバルブの動作を示します。〔状態1〕がソレノイドがOFFしているときで〔状態2〕がONしているときの状態です。(a)は2方弁の動作で状態1では空気圧源からの空気はバルブによってせき止められていますが，ソレノイドがONして状態2になると図の左方向にバルブの箱が移動して空気圧源の空気は図の矢印の方向へ流れ出るようになります。同様に(b)～(d)についても状態が1から2に移ると空気の流れが変わり，逆にソレノイドバルブがOFFすると2から1の状態に戻ります。このように空気の流れをコントロールするソレノイドバルブをつかうと空気圧シリンダなどの動きを制御できます。

複動型の空気圧シリンダは □■─ のように表現しますが，このシリンダをバルブに接

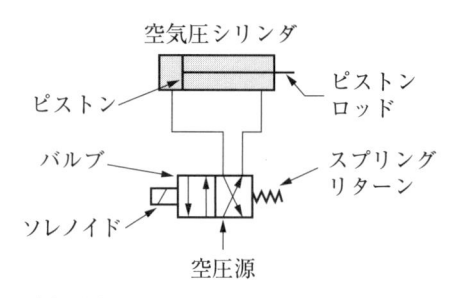

(a) 空気圧シリンダとバルブの直接接続

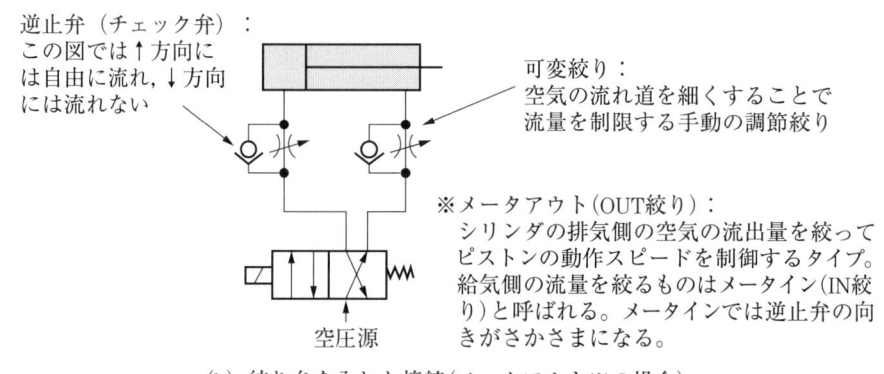

(b) 絞り弁を入れた接続(メータアウト※の場合)

図4.8　シングルソレノイドバルブと複動型空気圧シリンダの接続

4.3 ソレノイドバルブと空気圧シリンダの接続

続したときの空気圧回路は図4.8(a)のようになります。

実用的にはバルブと空気圧シリンダの間に絞り弁(スピードコントローラ)を入れて,図4.8(b)のようになります。

電気回路的に見ると,図4.8の中には電気で動作させるものは1つのソレノイドしかありません。そこで,PLCにシングルソレノイドバルブを接続したときの電気回路はソレノイド1つが出力端子に接続された図で表現できます。その例を図4.9に示します。

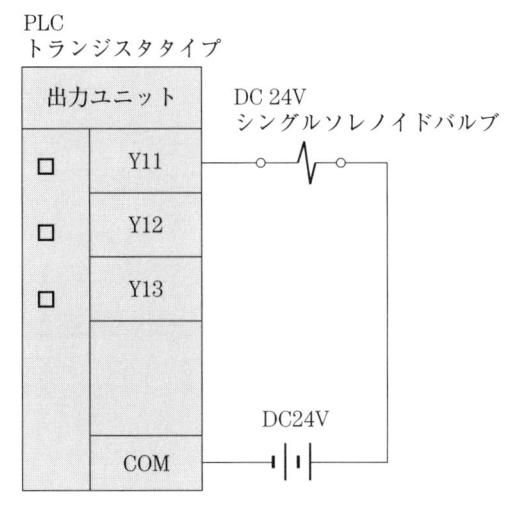

図4.9 シングルソレノイドバルブとPLCの接続回路

空気圧シリンダは,ピストンの位置を知るためにピストンの中に永久磁石を埋め込んでリードスイッチで検出する方法をとっているものもあります。

図4.10はその例で,永久磁石に反応するリードスイッチをシリンダの側面に設定できるタイプです。ピストンに付けられた永久磁石がリードスイッチの近くにくるとリードスイッチの接点が閉じるような構造になっています。

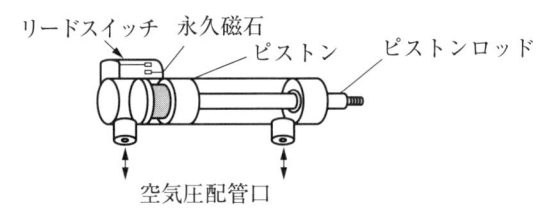

図4.10 リードスイッチを付けた空気圧シリンダ

ロッドの前進端と後退端に1つずつのリードスイッチを付けた空気圧シリンダをシングルソレノイドバルブで動作させる空気圧回路を作り,これをPLCで制御するための接続は図4.11のようになります。

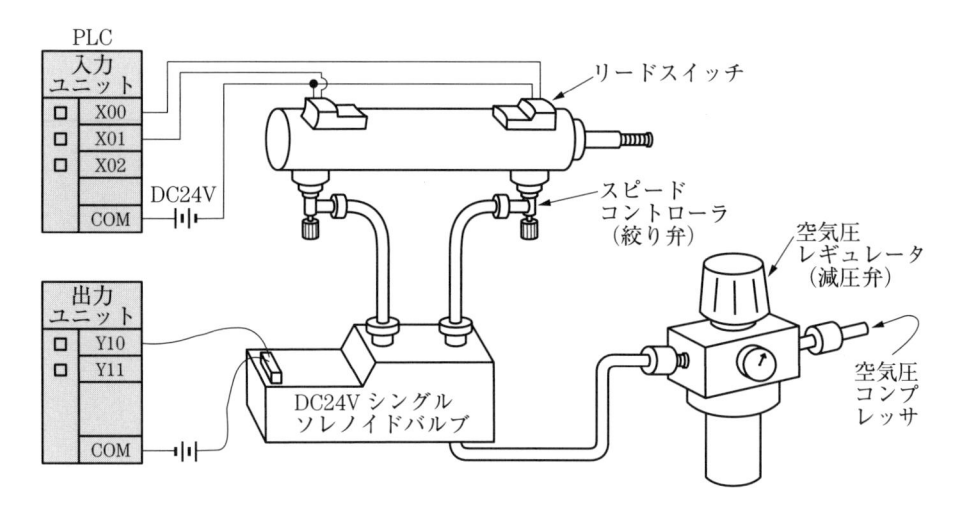

(a) 実体配線図

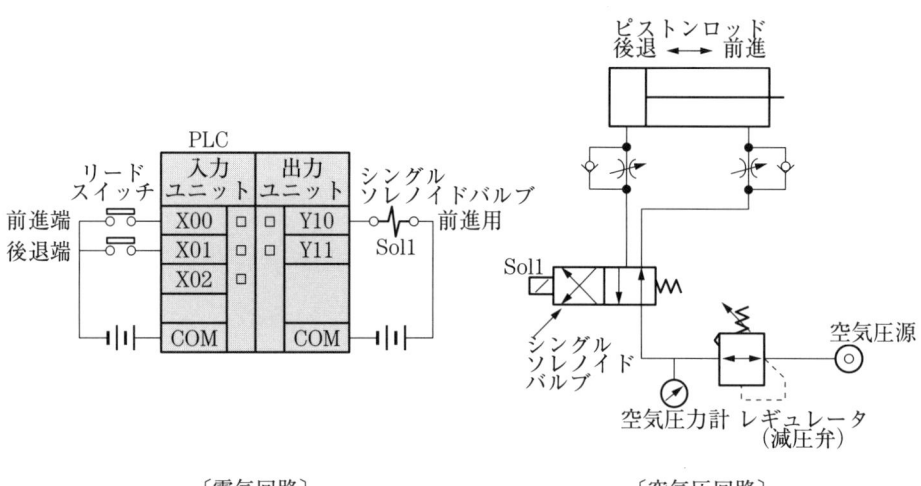

〔電気回路〕 〔空気圧回路〕

(b) シンボルを使って表現した電気回路と空気圧回路

図 4.11 空気圧シリンダの制御回路

4.4 AC モータの接続

単相交流インダクションモータは，ロータ軸に対して直交する 2 つの巻線を 90° 機械的に位相をずらして配置してあります。この巻線にそれぞれ時間的に $\pi/2$ ずつ異なる位相の電流を流すとロータの周囲に回転磁界ができることを利用してロータを回転させるものです。

単相交流インダクションモータでは，コンデンサを使って 2 つのコイルに流れる電流の位相をほぼ $\pi/2$ だけずらしています。

図 4.12 にその回路を示します。コイル L_a に流れる電流を i_a，コイル L_b に流れる電流

4.4 AC モータの接続

を i_b としますと，i_a と i_b は図中の（1）式のようになります。

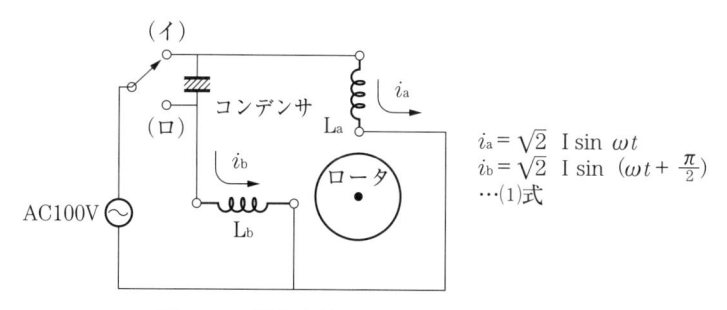

$$i_a = \sqrt{2}\,I\sin\omega t$$
$$i_b = \sqrt{2}\,I\sin\left(\omega t + \frac{\pi}{2}\right)$$
…（1）式

図 4.12 単相交流モータのロータとコイル

コイルに流れる電流とその電流によって作られる磁界は比例関係にあるので，L_a，L_b の各磁界 H_a，H_b はほぼ次のようになります。

$$H_a = K\sqrt{2}\,I\sin\omega t \quad ,\quad H_b = K\sqrt{2}\,I\sin\left(\omega t + \frac{\pi}{2}\right) \quad (K:定数)$$

したがって，H_a は $\sin\omega t$ に比例し，H_b は $\sin\left(\omega t + \frac{\pi}{2}\right)$ に比例します。この2つの様子をグラフにしたのが図 4.13 です。さらに，L_a と L_b によって作られる合成磁界を求めたも

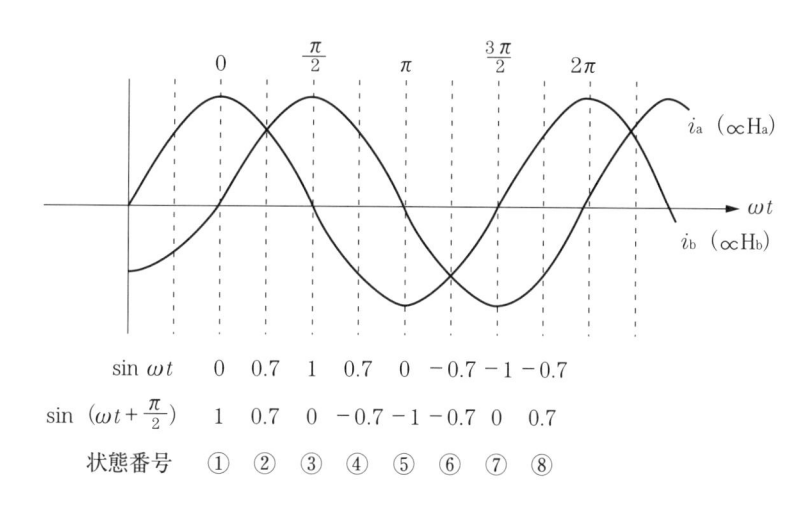

$\sin\omega t$	0	0.7	1	0.7	0	-0.7	-1	-0.7
$\sin\left(\omega t + \frac{\pi}{2}\right)$	1	0.7	0	-0.7	-1	-0.7	0	0.7
状態番号	①	②	③	④	⑤	⑥	⑦	⑧

(a) 図 4.12 の（イ）に接続したときの回転磁界

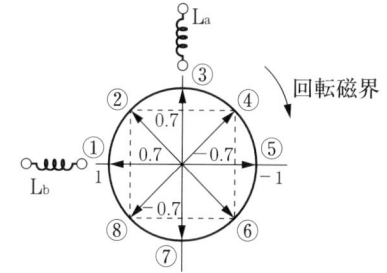

(b) 図 4.12 の（ロ）に接続したときの回転磁界

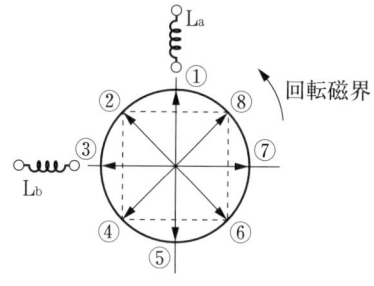

（番号は上図の各状態番号に一致する）

図 4.13 単相交流モータの回転磁界

のが図4.13(a), (b)です。(a)は図4.12の（イ）端子に電源を接続したもので，右回りの回転磁界ができます。(b)は図4.12の（ロ）端子に接続した場合で，逆まわりの回転磁界ができることがわかります。

以上のように，単相交流インダクションモータはコンデンサをはさんだ電源の接続の仕方で回転方向が異なりますので，簡易的に図4.14のように記述することができます。

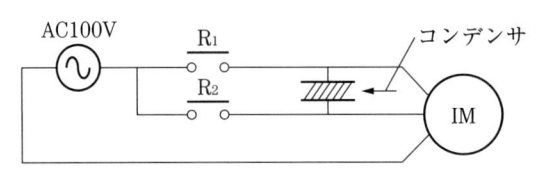

(a) 最も単純な正転逆転回路

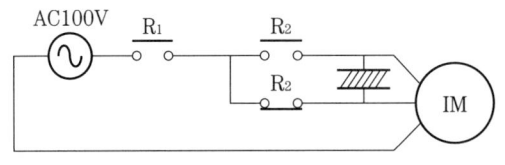

R_1：正転，R_2：逆転
（R_1とR_2の両方を同時にONするとモータは熱発する）

(b) 起動と回転方向を分離した回路

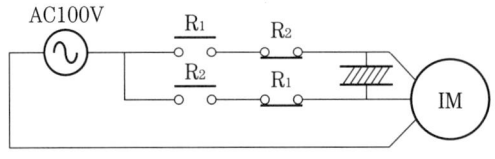

R_1：起動，
R_2：回転方向
$\begin{pmatrix} ON：正転 \\ OFF：逆転 \end{pmatrix}$

(c) (a)にインターロックを付けた回路

R_1：正転，R_2：逆転

図4.14 単相交流インダクションモータの正転逆転回路

このような単相交流インダクションモータをPLCに接続するには，例えば図4.15のような回路とします。

4.5 実機におけるPLCの配線

それではここまでのまとめとして実際の機械にPLCを組み込んだときの配線の様子をみてみましょう。実際の自動機にPLCを組込むには，遮断器などの安全回路や安定化DC電源などを使い，さらに制御盤内にそれらの機器やリレー，端子台などを配置するのが普通です。

4.5 実機におけるPLCの配線

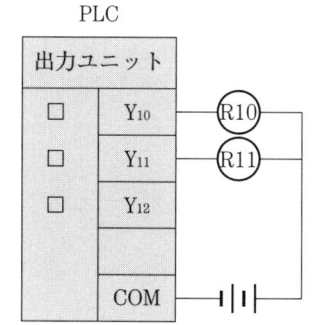

(a) PLCとリレーの接続

［接続例(1)］ R_{10} を正転用，R_{11} を逆転用リレーとする場合

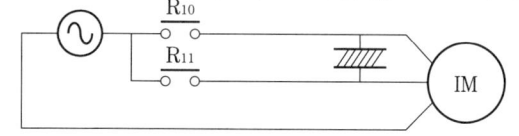

この場合は R_{10} と R_{11} が同時にONしないように，ソフトウェアでインターロックをかける。

（プログラム例）

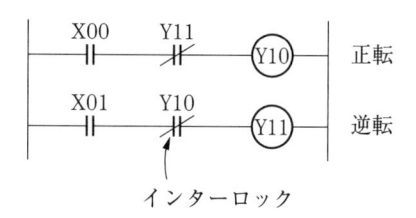

［接続例(2)］ R_{10} を起動用，R_{11} を回転方向切替用リレーとする場合

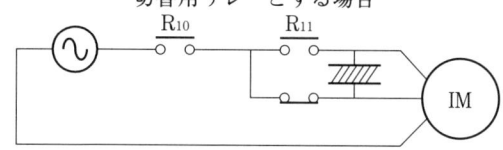

R_{10} が起動リレー，R_{11} が回転方向となる。

（プログラム例）

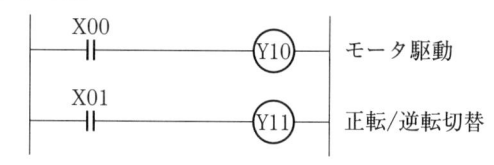

(b) モータの駆動回路

図 4.15 単相交流モータと PLC の接続

図 4.16 には，それをモデル化した例を示します。

システムの概要は以下の通りです。

〔システム構成〕

リニアガイドに取り付けられたブロックがリバーシブルモータ駆動のボールねじ機構で横移動します。横方向の移動量は左右に配置されている 2 つのリミットスイッチ間の距離で決まります。ブロックの前面にはシリンダで上下する空気圧式平行チャックが取り付けられています。上下のためのシリンダと平行チャックはともにシングルソレノイドバルブで制御しています。

〔動作順序〕

図 4.16 の位置を原点位置として，スタートスイッチが押されますと，

第1編　第4章　出力機器の接続方法

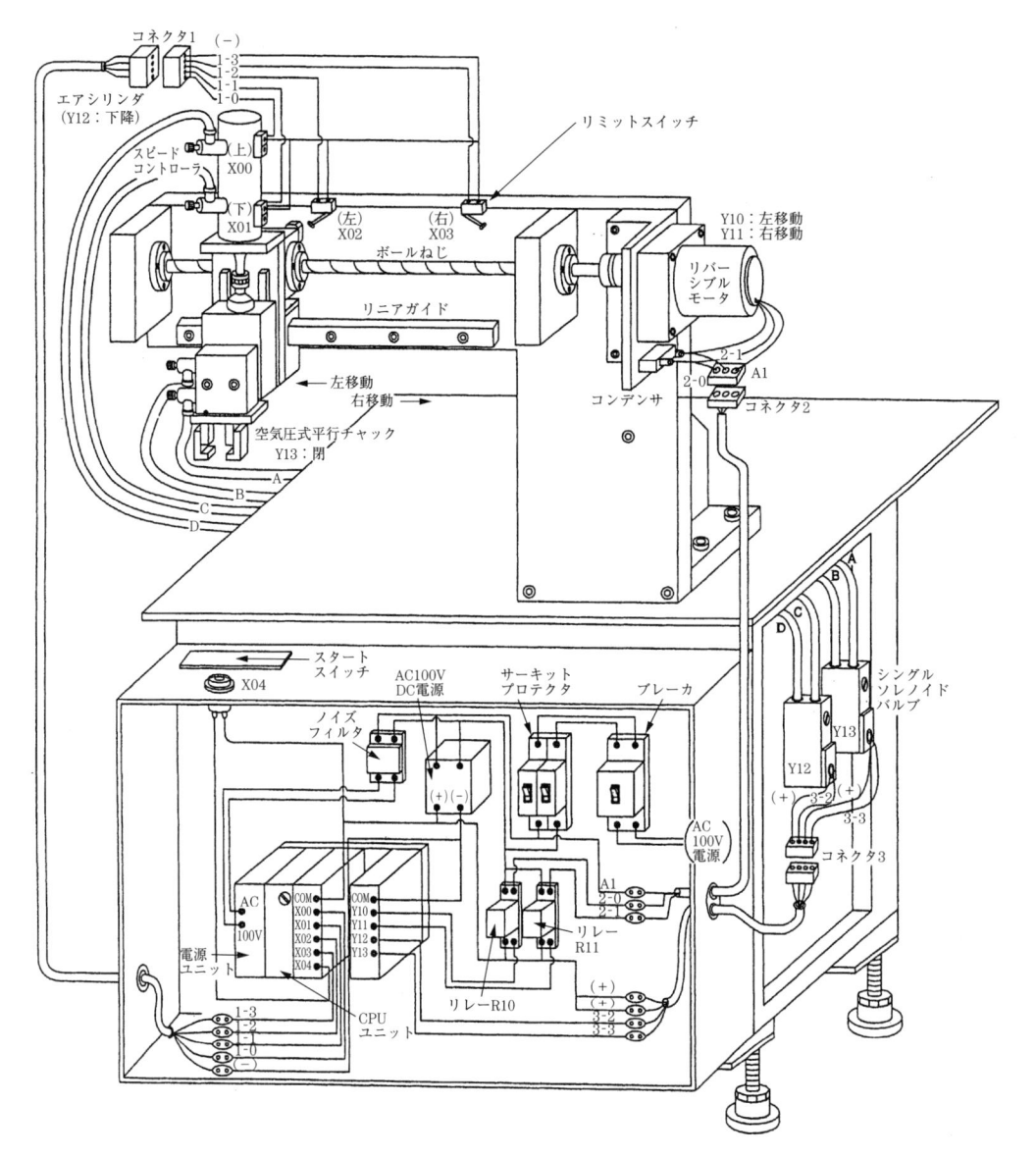

図4.16　自動機の実体配線図の例

　下降→チャッキング→上昇→右移動→下降→アンチャッキング→上昇→左移動→（停止）という順序で動作するいわゆるピック＆プレースユニットを構成しています。

　このシステムの電気回路図を図4.17に示します。電気回路図にしますと，結構単純な回路構造に見えますが，実際の配線では図4.16のようにかなり複雑な配線作業が必要になることがわかります。

　このシステムの制御の順序と入出力の変化を示したのが図4.18です。これをラダー図にしますと図4.19のようになります。このようなラダー図の作り方の詳細は第3編で述べることにします。

4.5 実機におけるPLCの配線

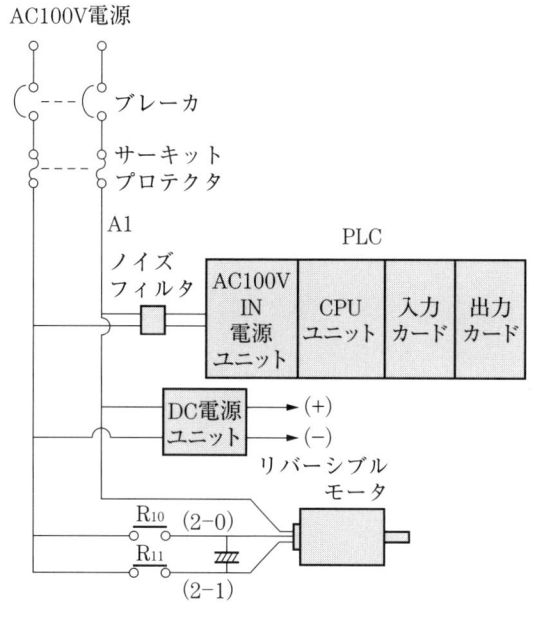

(a) 電源回路

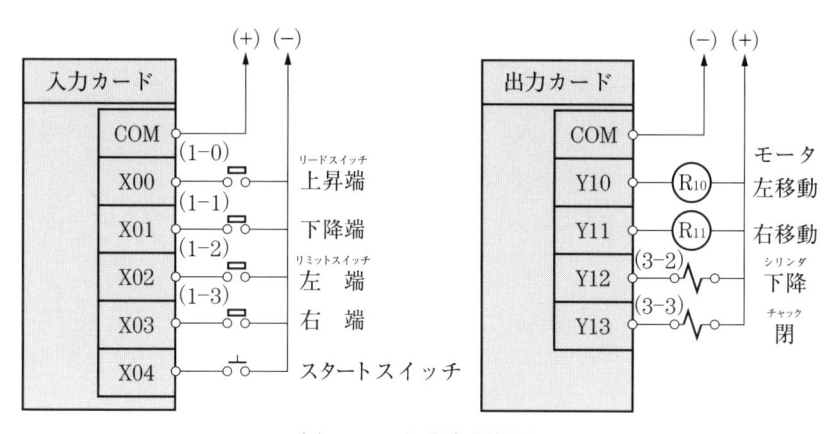

(b) PLCの入出力割付図

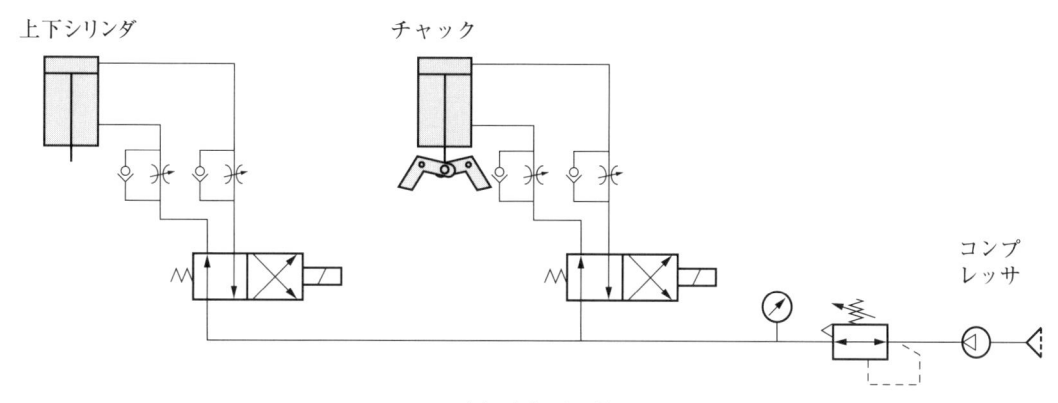

(c) 空気圧回路

図 4.17 システムの回路図

第1編　第4章　出力機器の接続方法

制御順序	入力の条件	出力の制御	出力を制御した後に起こる入力などの変化
初期状態	スタートスイッチがオフしている	（何も出力しない）	
①	スタートスイッチがオンする〔X 04 が ON〕⇨M 00 に記憶する	M 00 がオンしたらシリンダを下降させる〔Y 12 を ON する〕	⇨ シリンダが下降するとX 00がオフして下端につくとX 01がオンする
②	下降端リードスイッチがオンする〔X 01 が ON〕⇨M 01 に記憶する	M 01 がオンしたらチャックを閉じる〔Y 13 を ON する〕	⇨ 〔チャックが閉じる〕
③	M 01 が ON してから時間待ち	タイマーをカウントする〔T 00 のカウント開始〕	⇨ 設定時間がたつとタイマーT 00がオンする
	タイマー T 00 が ON する	T 00 が ON したらシリンダを上昇させる〔Y 12 を OFF にする〕	⇨ シリンダが上昇するとX 01がオフして上までくるとX 00がオンする
④	上昇端リードスイッチが ON する〔X 00 が ON〕⇨M 02 に記憶する	M 02 がオンしたら右移動させる〔Y 11 を ON する〕	⇨ モータが回転して右に移動するとX 02がオフして右端につくとX 03がオンする
⑤	右端リミットスイッチが ON する〔X 03 が ON〕⇨M 03 に記憶する	M 03 がオンしたら右移動を停止するシリンダを下降させる〔Y 11 を OFF する〕〔Y 12 を ON する〕	⇨ シリンダが下降するとX 00がオフしてつぎにX 01がオンする
⑥	下降端リードスイッチが ON する〔X 01 が ON〕⇨M 04 に記憶する	M 04 がオンしたらチャックを開く〔Y 13 を OFF する〕	⇨ 〔閉じていたチャックが開く〕
⑦	M 04 が ON してから時間待ち	タイマーをカウントする〔T 01 のカウント開始〕	⇨ 設定時間がたつとタイマーT 01がオンする
	タイマー T 01 が ON する	T 01 が ON したらシリンダを上昇させる〔Y 12 を OFF する〕	⇨ シリンダが上昇するとX 01がオフして上昇端でX 00がオンする
⑧	上昇端リードスイッチが ON する〔X 00 が ON〕⇨M 05 に記憶する	M 05 がオンしたら左移動させる〔Y 10 を ON する〕	⇨ 右端X 03がオフして左端につくとX 02がオンする
⑨	左端リミットスイッチが ON する〔X 02 が ON〕⇨M 06 に記憶する	M 06 がオンしたら左移動を停止する〔Y 10 を OFF する〕	⇨ ユニットは原点に戻りすべての出力はオフした状態になる

（注）　X□□：入力リレー
　　　　Y□□：出力リレー
　　　　M□□：内部リレー
　　　　T□□：内部タイマー　　　K□□：タイマー設定値（K 10 で 1 秒）

図 4.18　制御の順序と入出力の変化

4.5 実機におけるPLCの配線

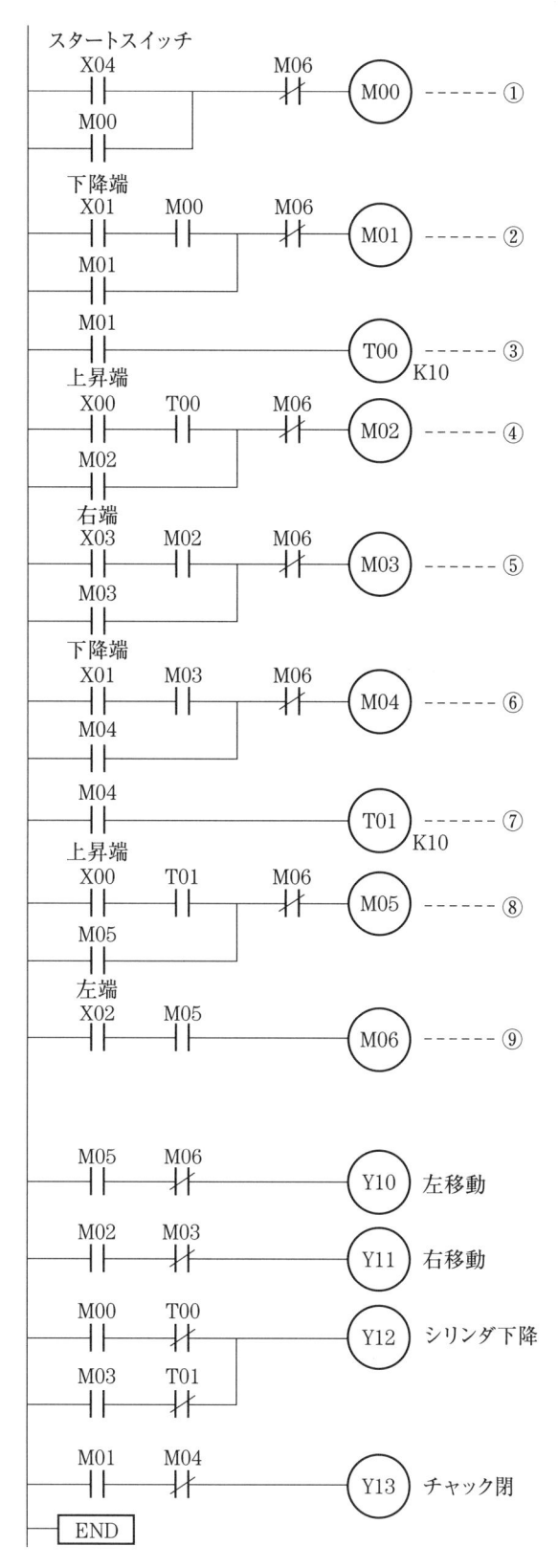

```
スタートスイッチ
   X04        M06
   ──┤├──┬──┤/├──（M00）------ ①
   M00  │
   ──┤├──┘

下降端
   X01    M00    M06
   ──┤├───┤├───┤/├──（M01）------ ②
   M01
   ──┤├──

   M01
   ──┤├──────────（T00）------ ③
                    K10
上昇端
   X00    T00    M06
   ──┤├───┤├───┤/├──（M02）------ ④
   M02
   ──┤├──

右端
   X03    M02    M06
   ──┤├───┤├───┤/├──（M03）------ ⑤
   M03
   ──┤├──

下降端
   X01    M03    M06
   ──┤├───┤├───┤/├──（M04）------ ⑥
   M04
   ──┤├──

   M04
   ──┤├──────────（T01）------ ⑦
                    K10
上昇端
   X00    T01    M06
   ──┤├───┤├───┤/├──（M05）------ ⑧
   M05
   ──┤├──

左端
   X02    M05
   ──┤├───┤├──────（M06）------ ⑨


   M05    M06
   ──┤├───┤/├──────（Y10） 左移動

   M02    M03
   ──┤├───┤/├──────（Y11） 右移動

   M00    T00
   ──┤├───┤/├──┬───（Y12） シリンダ下降
   M03    T01  │
   ──┤├───┤/├──┘

   M01    M04
   ──┤├───┤/├──────（Y13） チャック閉

   [END]
```

図 4.19 システムを制御するラダー図

第4章のまとめと補足

1. 出力機器をPLCで制御するときには，PLC出力ユニットと直接接続できる出力機器を選定することが望ましいが，電気的な特性が合わない場合には，リレーを介して持続するといった方法をとる。リレーを使うことによって次のような問題を解決できる。

   ① PLC出力ユニットの使用電圧が出力機器の入力電圧と一致しないとき
   ② 直流機器と交流機器が混在するとき
   ③ PLC出力ユニットに流すことができる電流値より，出力機器が必要とする電流の方が大きいとき
   ④ 出力機器とPLC出力ユニットを直接接続しないで分離したいとき，または絶縁したいとき

2. PLC出力ユニットには，次のような種類のものがあるので，接続する出力機器の仕様に合うものを選定する。

   ① リレー接点出力
   ② シンクタイプトランジスタ出力
   ③ ソースタイプトランジスタ出力
   ④ トライアック出力
   ⑤ TTL出力
   ⑥ CMOS出力

● **実験装置（MM 3000 シリーズより）**

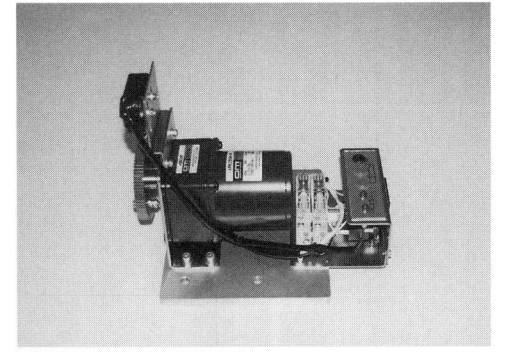

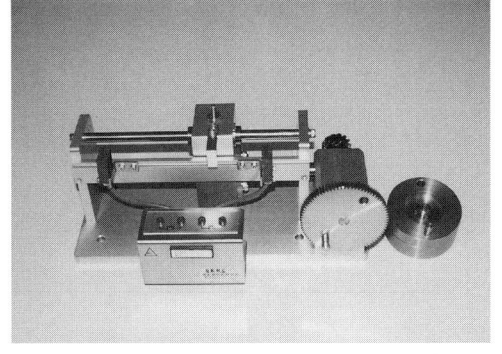

(a) リバーシブルモータ　　(b) 送りネジ（右側は安全用クラッチ）

●理解度テスト

演習問題 [1]

図1にはシンクタイプのトランジスタ出力をもつPLC出力ユニットと外部機器がならべてある。このPLCをつかって外部機器を動作させたい。

①〜⑯は各機器の配線用の端子を意味する。このとき次の問いに答えよ。

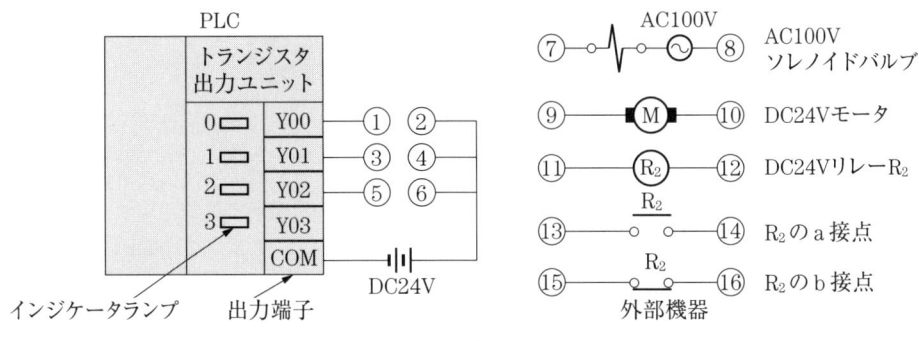

図1

（1） DC 24 VリレーR₂をPLC出力端子Y00で制御したい。このときの配線として最もふさわしいものを次の中から選べ。ただし，例えばⓅ―Ⓝの記述はⓅ端子とⓃ端子を結線することを意味する。

(a) ①―⑬, ⑭―②
(b) ①―⑪, ⑫―②
(c) ①―⑬, ⑭―⑪, ⑫―②

（2） AC 100 Vソレノイドバルブを Y 01 の出力の ON/OFF で制御したい。このときの配線として最もふさわしいものを次の中から選べ。

(a) ③―⑦, ⑧―④
(b) ③―⑪, ⑫―④, ⑦―⑬, ⑧―⑭
(c) ③―⑬, ⑭―④, ⑦―⑮, ⑧―⑯

（3） PLCの出力ユニットの出力端子はDC 24 Vモータを ON/OFF する能力が充分あるとする。Y 02 で DC 24 V モータを制御する回路として最もふさわしいものを次の中から選べ。

(a) ⑤―⑨, ⑩―⑥
(b) ⑤―⑪, ⑫―⑥, ⑨―⑬, ⑭―⑩
(c) ⑤―⑬, ⑭―⑨, ⑩―⑥

[解答]
演習問題 [1]
　（1）―(b), （2）―(b), （3）―(a)

第5章

PLCの機種選定と立上げの手順

> PLCは用途に応じてさまざまな種類のものがあり，小さなシステム用のパッケージ型から大規模システム用の大型のPLCまで用意されています。必要な入出力の点数や，書き込めるプログラムの容量，付加できる機能や拡張性などを考慮して選定しますが，そのうち1つでも目的に合わなければ，そのPLCは使えないことになります。
> たとえば，入出力点数が十分に多くて拡張するユニットもそろっていても，メモリを最大限に増設しても書き込むプログラムのステップ数が容量を超えてしまうようなら，PLCとしては役に立ちません。
> 本章ではどのような基準でPLCを選定すればよいのか，その概要を示します。そしてPLCを購入してから立上げるまでの手順について解説します。

5.1 制御システムの設計とPLCの選定

PLCを選定するには全体の制御系の構成や使用される負荷装置の種類や入出力の点数などの情報が必要です。

すなわち，被制御機器の仕様がわかり，ある程度まで構想設計が進んだ段階でPLCの選定をすることになるのが普通です。

ここではまず，PLCの選定に入る前にPLCを使った制御システムの設計の流れをとらえておきましょう。

(1) 制御対象の要求仕様の検討

制御対象の電源回路・操作内容・保全・異常対策などの仕様にあわせた制御方法の検討を行います。

(2) 要求仕様に適した制御機器の選定

各要求仕様に適した制御機器の選定と，リレーやPLCなどによって制御する範囲を決定します。また，システム全体を何台のPLCで構成するのか，相互のデータ送受信の方法を決めます。

(3) PLCの選定

5.1 制御システムの設計と PLC の選定

1.〔入出力点数〕
- PLC の最大入出力点数が制御対象の入出力点数より多い
  - NO → 入出力点数の多い PLC の機種に変更する
  - YES
- CHECK → ユニットやスロットの増設数に制限がないか
- CHECK → 最大入出力点数のすべてを使用するためには使用できる入出力ユニットの種類が限定されることがある
- CHECK → ネットワークユニットや高機能ユニットなどを装着すると，利用可能な入出力点数が減る場合がある

2.〔プログラム容量〕
- 通常使用する入出力点数が多く複雑な制御が多い。データ処理などを行うためプログラムが長くなる
  - YES → CHECK → プログラム容量を増設できる機種か確認する
  - NO → 通常のプログラム容量で対応する

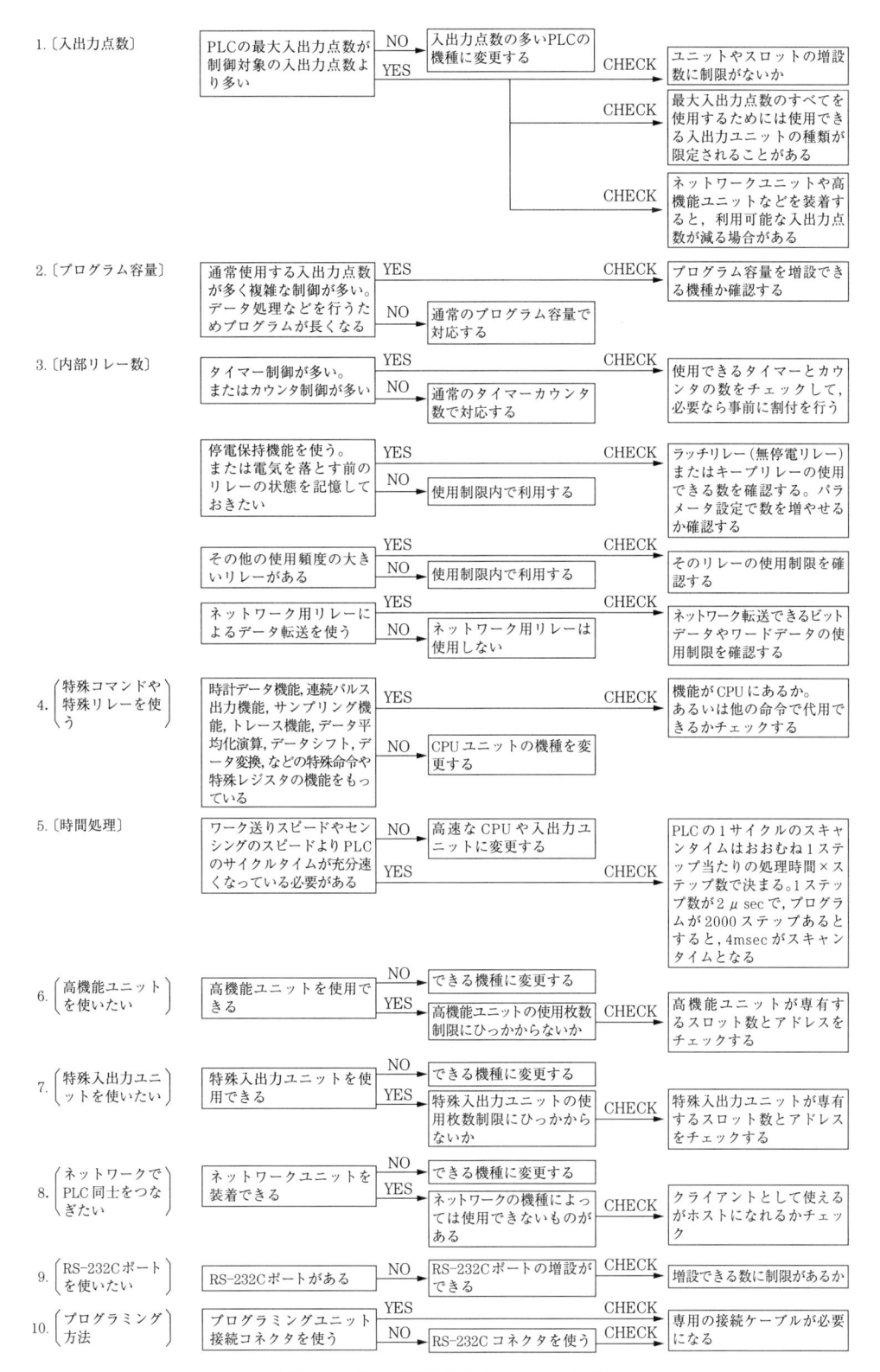

3.〔内部リレー数〕
- タイマー制御が多い。またはカウンタ制御が多い
  - YES → CHECK → 使用できるタイマーとカウンタの数をチェックして，必要なら事前に割付を行う
  - NO → 通常のタイマーカウンタ数で対応する
- 停電保持機能を使う。または電気を落とす前のリレーの状態を記憶しておきたい
  - YES → CHECK → ラッチリレー（無停電リレー）またはキープリレーの使用できる数を確認する。パラメータ設定で数を増やせるか確認する
  - NO → 使用制限内で利用する
- その他の使用頻度の大きいリレーがある
  - YES → CHECK → そのリレーの使用制限を確認する
  - NO → 使用制限内で利用する
- ネットワーク用リレーによるデータ転送を使う
  - YES → CHECK → ネットワーク転送できるビットデータやワードデータの使用制限を確認する
  - NO → ネットワーク用リレーは使用しない

4.（特殊コマンドや特殊リレーを使う）
- 時計データ機能，連続パルス出力機能，サンプリング機能，トレース機能，データ平均化演算，データシフト，データ変換，などの特殊命令や特殊レジスタの機能をもっている
  - YES → CHECK → 機能が CPU にあるか。あるいは他の命令で代用できるかチェックする
  - NO → CPU ユニットの機種を変更する

5.〔時間処理〕
- ワーク送りスピードやセンシングのスピードより PLC のサイクルタイムが充分速くなっている必要がある
  - NO → 高速な CPU や入出力ユニットに変更する
  - YES → CHECK → PLC の 1 サイクルのスキャンタイムはおおむね 1 ステップ当たりの処理時間×ステップ数で決まる。1 ステップ数が 2μsec で，プログラムが 2000 ステップあるとすると，4msec がスキャンタイムとなる

6.（高機能ユニットを使いたい）
- 高機能ユニットを使用できる
  - NO → できる機種に変更する
  - YES → 高機能ユニットの使用枚数制限にひっかからないか → CHECK → 高機能ユニットが専有するスロット数とアドレスをチェックする

7.（特殊入出力ユニットを使いたい）
- 特殊入出力ユニットを使用できる
  - NO → できる機種に変更する
  - YES → 特殊入出力ユニットの使用枚数制限にひっかからないか → CHECK → 特殊入出力ユニットが専有するスロット数とアドレスをチェックする

8.（ネットワークで PLC 同士をつなぎたい）
- ネットワークユニットを装着できる
  - NO → できる機種に変更する
  - YES → ネットワークの機種によっては使用できないものがある → CHECK → クライアントとして使えるがホストになれるかチェック

9.〔RS-232C ポートを使いたい〕
- RS-232C ポートがある
  - NO → RS-232C ポートの増設ができる → CHECK → 増設できる数に制限があるか

10.〔プログラミング方法〕
- プログラミングユニット接続コネクタを使う
  - YES → CHECK → 専用の接続ケーブルが必要になる
  - NO → RS-232C コネクタを使う → CHECK

図 5.1 PLC 機種選定のチェック項目

制御対象と操作パネルや表示器などの全ての入出力機器のI/Oを考慮して，PLCの入出力点数を決定します。プログラムステップ数や演算速度，内部デバイスのメモリ量，実行速度，ネットワーク機能などを検討して最適なPLC本体を選定します。

（4） 電気回路部・電源回路などの電気配線に関する回路設計

制御対象の電源投入回路やPLCの電源回路，外部機器と接続するための電源部，入出力機器との配線図などを電圧や電流容量，安全回路などを考えて設計します。

（5） PLCの入出力割付け

入出力ユニットの入出力番号ごとに接続する入出力機器のI/Oを割付けます。複数のPLCで構成する場合には，独立して構成するのか，ネットワークを使うのかを検討して必要であればネットワーク用リレーの割付けも行います。

（6） PLCプログラムの設計

PLC内部に記述するPLC制御プログラムを設計してPLCのプログラムメモリに書込みます。

（7） 制御回路及びPLCプログラムのデバッグ

電気回路に通電し，PLCプログラムが正常に動作するかどうか試験をして，誤りや修正個所があればデバッグします。

このように，PLCを選定するにはPLCで制御する対象となる機械システムの全容がわかっていなくてはなりません。特に必要な入出力の点数や，使用する入出力機器の種類，操作パネルの仕様など，事前に多くの情報が必要になります。

全体のシステムをいくつかの部分に分割して，それぞれを別々のPLCで制御する場合には，入出力信号の伝達やデータの転送をするのに，I/O渡しで行うのかネットワーク機能を使うのかなどによって，PLCの機種や選定するユニットの種類も変わってきます。PLCの機種選定のためのチェック項目の例を図5.1に列挙しました。

5.2 プログラミング用周辺機器の選定

PLCにプログラミングをするときにどのようなプログラム用の機器を使うかは重要です。

たとえばプログラミングコンソールでは，専用コマンドがコンソールの各キーに書かれているので比較的早くPLCに打込むことができ，また，打込みと同時にPLCに転送されますので変換や通信設定などの手間がいりません。しかし，PLC本体に直接書き込むので，パソコンなどのようにPLCが手元にない状態でオフラインで単独にプログラムだけ書いて保存しておくようなことはできません。また，プログラムのデバッグをするにもニーモニクでしかモニタできませんので，表現力に問題があります。

5.2 プログラミング用周辺機器の選定

　専用のグラフィカルなプログラミングツールの場合，PLCとの接続性や操作性はよいのですが，ツールの価格が高いのが難点です。

　最近ではパソコンのWindows環境でのソフトウェアと通信ケーブルの組合わせでプログラミングを行うケースが主流になってきています。また，ノートパソコンなどでも利用できるので簡便です。

　ただし，PLCメーカーや機種によって専用のソフトウェアや通信ケーブルが必要になります。導入するには使用するパソコンの機種で使えることを確認しておくことも必要で，図5.2，表5.1にプログラミングの方法と特徴について記載しました。

表5.1　プログラミング方法の比較

		図5.2 (a) プログラミング コンソール	図5.2 (b) 専用グラフィカルプ ログラミングツール	図5.2 (c)、(d) パソコン
プログラミング上の制限	ニーモニックによるプログラミング	可	可	可
	ラダー図を使ったビジュアルなプログラミング	不可	可	可
	コメントの書込み	不可	可	可
	通信ユニットなどの特殊デバイスの設定	機種による	機種とソフトによる	ソフトによる
動作中のモニタ	内部リレー接点のモニタ	可	可	可
	内部リレーコイルのセット／リセット	可	可	可
ソフトウェア関連	専用（特殊）ケーブル	プログラミングコンソール本体とケーブルが別になっているものもある。	PLCの種類や接続方法によってケーブルの型式がかわるものがある。	PLCとの接続方法によって用意するケーブルが異なる。とくにPLCのもっているRS 232 Cポートに接続する場合とプログラミング専用のポートに接続する場合はまったく異なるケーブルになるので要注意。
	専用ソフトウェア	不要	PLCの種類によってソフトウェアが異なる場合がある。	パソコンの機種やOS、PLCの機種などによってソフトウェアが異なる場合がある。

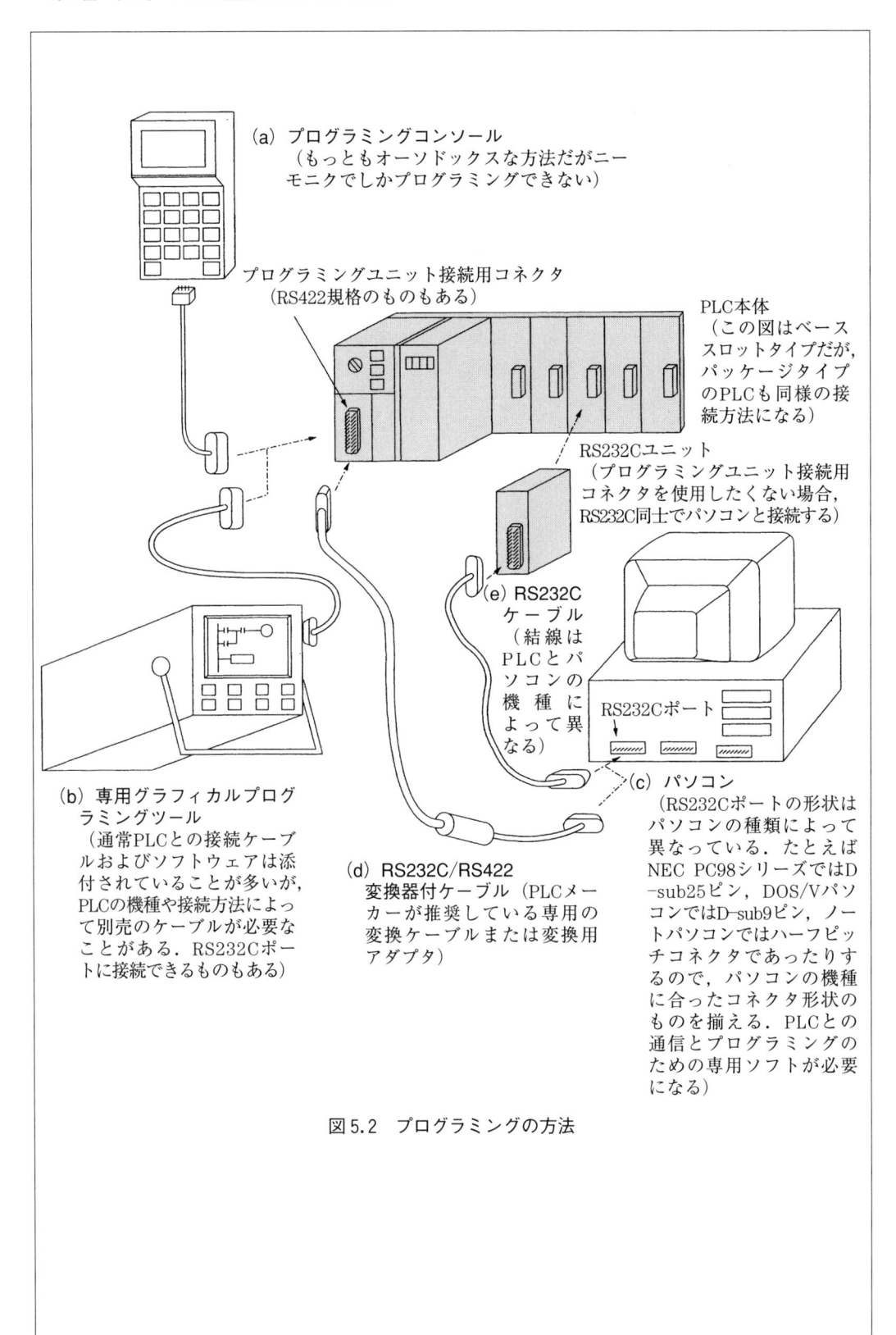

第1編　第5章　PLCの機種選定と立上げの手順

(a) プログラミングコンソール
（もっともオーソドックスな方法だがニーモニックでしかプログラミングできない）

プログラミングユニット接続用コネクタ
（RS422規格のものもある）

PLC本体
（この図はベーススロットタイプだが，パッケージタイプのPLCも同様の接続方法になる）

RS232Cユニット
（プログラミングユニット接続用コネクタを使用したくない場合，RS232C同士でパソコンと接続する）

(e) RS232Cケーブル（結線はPLCとパソコンの機種によって異なる）

RS232Cポート

(b) 専用グラフィカルプログラミングツール
（通常PLCとの接続ケーブルおよびソフトウェアは添付されていることが多いが，PLCの機種や接続方法によって別売のケーブルが必要なことがある．RS232Cポートに接続できるものもある）

(d) RS232C/RS422変換器付ケーブル（PLCメーカーが推奨している専用の変換ケーブルまたは変換用アダプタ）

(c) パソコン
（RS232Cポートの形状はパソコンの種類によって異なっている．たとえばNEC PC98シリーズではD-sub25ピン，DOS/VパソコンではD-sub9ピン，ノートパソコンではハーフピッチコネクタであったりするので，パソコンの機種に合ったコネクタ形状のものを揃える．PLCとの通信とプログラミングのための専用ソフトが必要になる）

図5.2　プログラミングの方法

5.3 PLC立上げまでの手順

　PLCの機種選定が完了してプログラミングツールがそろったら，PLCの立上げの準備を行います。

▷ ［手順1］PLCの構成を決定する

　CPUや入出力ユニットの選定がおわったら，どのスロットにどの入出力ユニットを装着すればよいかを設計図（回路図，割付図でもよい）をもとに決定します。

　PLCを組立てる段階でこの設計が完了していないと組立ができません。

▷ ［手順2］PLCの組立

　電源，CPU，ベース，入出力カード，各種ユニット，メモリなど，必要なユニットがそろったら設計図通りにベースの上に装着して組立てます。パッケージタイプのPLCにはベースはないのですが，追加カードや増設ユニットがあれば増設ケーブルを使うなどしてPLC本体に接続します。

▷ ［手順3］CPUユニットに内蔵電池を接続する

　PLCのCPUにプログラムを書き込むと，それを書き換えない限り電源を切っても記憶しています。このプログラムの記憶は内蔵電池で行っている場合がほとんどで，内蔵電池の組込みはぜひとも必要です。この電池が消耗するとプログラムは消えてしまいます。電池の電圧降下は通常PLCからのアラームで知らせますが，長期間電源を入れなかったりすると，電池の充電が行われず，思わぬ早い時期にプログラムが消えてしまっていることがあります。

　プログラミングを完了したら，プログラミングツールを使ってフロッピーディスクやパソコンなどにセーブしておくとよいでしょう。

▷ ［手順4］ユニットのアドレスを確認し，必要に応じて設定を行う

　入出力ユニットや各種ユニットはベーススロットに装着して並んでいる順番によって，割り当てられるアドレスが変わってきます。

　たとえば，8点ユニットをベースの0番のスロットに装着すれば，入力の各端子は0ビット目がリレー番号000，1ビット目が001，2ビット目が002となり，つぎの1番のスロットに装着したものは，たとえばそれぞれ010，011，012となったりします。また別の機種では，1番のスロットの端子は100，101，102と数えたりします。

　これはPLCによってまったく異なったアドレスを付けていますので，設計の段階で装

着の順番と各ユニットに割付けられるアドレスを正確に把握しておかなくてはなりません。図5.3にいくつかの例を挙げます。

		Melsec FX$_2$	Melsec AIS	omron CQM1	omron C 200 H
スロット0	16点入力ユニット	X 00～X 07 X 10～X 17	X 00～X 0 F	000～015	000～015
スロット1	16点出力ユニット	Y 00～Y 07 Y 10～Y 17	Y 10～Y 1 F	10000～10015	100～115

図5.3　PLCの入出力アドレス例

　特定のユニットを使うときや，スロットを空けたままとばしてつぎのスロットにユニットを装着するときなどは，スロットのアドレス設定をしなくてはいけない場合があります。アドレスの設定はPLCのマニュアルを参考にしてプログラミングコンソールや専用ソフトウェアで行います。

▷ [手順5] 入出力機器の接続

　ユニットのアドレスが決まったら，入出力機器を各端子に接続します。入力スイッチやセンサなどの入力信号とリレー，ランプ，モータ，バルブなどの出力負荷装置を接続します。

　入出力機器を入出力ユニットの端子に接続すると同時に，入出力機器に必要な電源線も接続します。この電源は，入出力ユニットの電源と同じ電圧のものであれば共用することもできます。

▷ [手順6] 電源に接続する

　PLCに電源線を接続します。その例を図5.4(a)に示します。PLC本体の運転に必要な電源で，通常，PLCの電源ユニットに電力を供給します。

　この電気回路は，機種によってアースのとり方やノイズの処理などの方法が若干変わってくるので，マニュアルなどを参考にして設計します。

▷ [手順7] 入出力カードに電源を接続する

　PLCの入出力ユニットや特殊ユニットや，高機能ユニットにも5 V，12～24 Vなどの電源が必要なものがあり，通常外部から供給しなくてはなりません。その例を図5.4(b)に示します。ただし，パッケージタイプのPLCなどは，この電源が内蔵されているものもあります。

　また，入出力端子を利用していないユニットでも，ベースに装着してあるものは電源をつないでおかないと，異常表示が出ることがあります。

　PLCの特性によってはベーススロットにユニットを装着したあとでユニットのアドレ

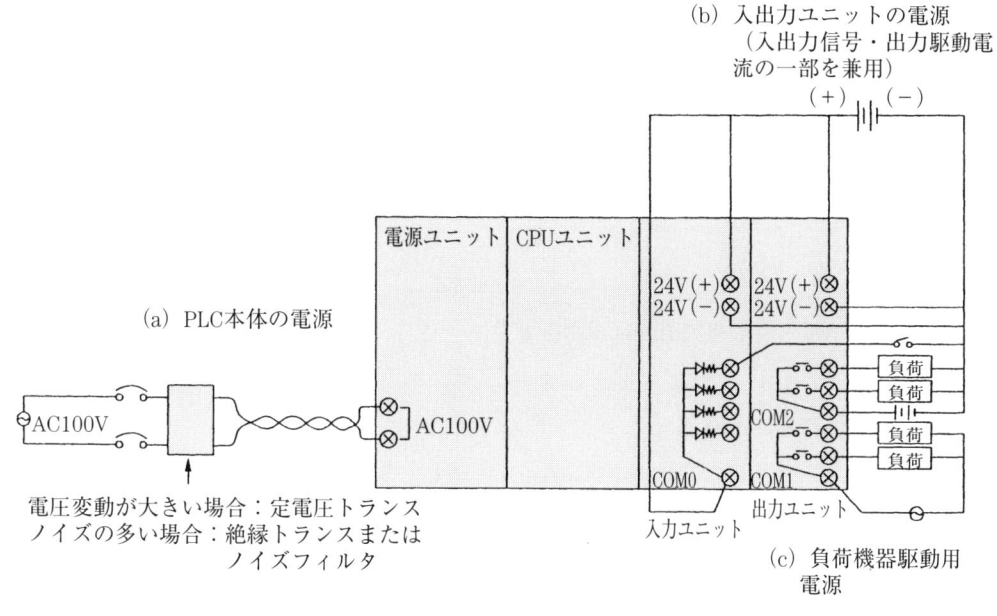

図5.4 PLCにつなぐ電源

ス設定をしなければならないものもあります。

▷ [手順8] 電源を投入する

　正しく配線されていることを確認したら電源を投入することができます。この時点ではまだソフトが入っていませんので，CPUの運転切替のモードを「停止」（またはSTOPなど）にしておきます（図5.5）。

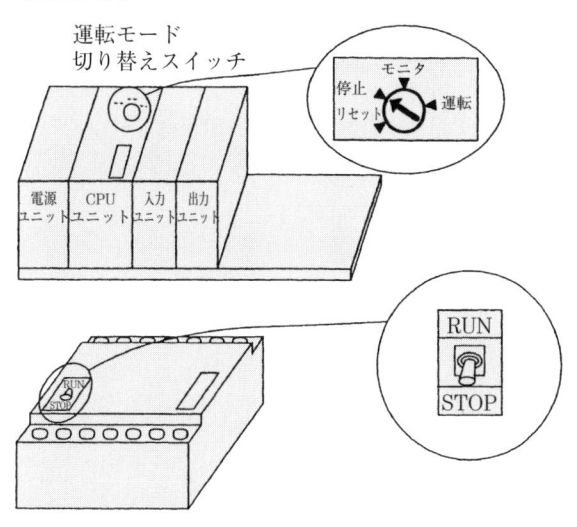

図5.5 「停止」モード

　PLCが停止モードのときは，出力ユニットの出力信号が変化しないので，電源を投入しても，すべての出力端子がOFFのままになっています。各電源をONして，各ユニッ

75

トに電源が正しく供給されいることを確認します。また，CPU や各ユニットに異常が出ていないことを確認します。PLC のメモリをクリアしていない初期の状態では CPU のエラー（または異常）ランプが点灯する場合があります。この場合，プログラムメモリのオールクリアを実行します。また，高機能ユニットや特殊ユニットやネットワークユニットなどで，パラメータの設定がされていないものはエラーが出ていることがあります。このようなときは，各マニュアルを参照し，立上げに支障がないか検討します。

▷ [手順 9] プログラミング用の機器を接続する

　メモリのクリアや PLC のプログラムを作ってメモリに入れるためには，何らかのプログラム用機器が必要になります。プログラム用機器としては，「プログラミングコンソール」「専用プログラミングツール」「パソコンと専用ソフトウエアと専用ケーブル」などがあります（図 5.2 参照）。

▷ [手順 10] メモリをクリアする

　プログラム用機器を準備したら，PLC と接続して，まず最初にプログラムメモリをオールクリアします。PLC の出荷時には，メモリ上にさまざまなコマンドが書き込まれてしまっている場合もありますので，いったん強制的にクリアしてからプログラミングをします。

　オールクリアの方法は各 PLC によって異なりますので，それぞれのプログラミングマニュアルや，プログラム用機器の使用方法を参照します。

　つぎにプログラムを書き込みますが，プログラムが中途半端な状態でも，モニタモードや RUN モードにしたときに出力機器が動作してしまうので，とりあえず行番号の先頭に END 命令だけを書き込んでおくとよいでしょう。これによって，誤ってスタートしてもプログラムはただちに END になり，出力機器が誤動作することはなくなります。もちろんプログラムを実行するときにはその先頭の END 命令は削除します。

▷ [手順 11] 入力の接続をチェックする

　操作パネルの入力スイッチやセンサ類の入力の接続番号をチェックします。このチェックは，PLC 入力ユニットのインジケータランプの点灯で確認できます。PLC のモードは停止のままで，入力スイッチを押したり離したりして予定の入力番号のランプが ON/OFF するか確認します。

　光電センサなどは，センサの光路にワークを置いて入力状況をチェックします。シリンダのリードスイッチやリミットスイッチなど，構造によってはアクチュエータを動かさないとチェックできないものもありますが，手動で動かすなどの方法を考えて極力すべての状況をチェックします。また，空気圧機器などはエア圧を上げないで手で動かした場合と，

5.3 PLC立上げまでの手順

エア圧を上げてバルブで動かした場合で停止位置に相違が出る場合があるので注意します。

また，プログラム用機器をモニタモードにして，調べたい接点のモニタをすることで，入力機器がスイッチングしている入力状況を画面上で確認することもできます。

▷ ［手順12］出力の接続をチェックする

出力機器の接続状況をチェックするのに，強制的にPLCの出力端子に出力信号を出してONさせて，出力を1点ずつ実際に出力してみて確認する方法があります。

出力端子をONさせたりOFFにしたりするのは，プログラム用の機器のモニタモードかテストモードなどで出力する出力リレーを表示させておいて，これを強制セット／強制リセットのコマンドを使ってON/OFFします。いったん強制セットされてONした出力リレーは，テストした後で強制リセットを実行して元に戻しておきます。

強制セットを実行すると，そこに接続されているアクチュエータがONします。たとえばモータがONしてコンベアが回りだしたり，バルブがONして空気圧シリンダが動作したりしますので，実行する前に必ずアクチュエータのスピードを十分低くするとか，障害物がないかなどの動作上の安全を確保しておく必要があります。誤動作によって機械にダメージを与える可能性のあるシステムではこの方法はあまり勧められません。

各出力端子を強制的にON/OFFしてみて，点灯するランプやブザー，アクチュエータやリレーなどが予定通り動作すれば，正しい出力番号に配線されていることを一応確認できます。ただし，電気的な回り込みや，空気圧配管のつなぎ間違いなどがあると，1つの出力端子だけONしたときは正しく動作しても，複数の出力機器が同時にONすると異なる結果になるというケースもありますので，配線・配管には十分気を付けます。

▷ ［手順13］プログラムを書き込む

よく使われているPLCのプログラムはラダー図（ラダープログラム）によるもので，ラダー図を入力する方法としては，ラダー図をニーモニック表現に直してリスト型式で入力する方法と，ラダー図そのものを専用ツールかパソコンで絵的に作成して，それを専用ソフトで変換してPLCに書き込む方法があります（図5.6）．

ニーモニック表現を使ってPLCにプログラミングするには，
① プログラミングコンソールを使う
② 専用プログラミングツールを使ってリストモードでプログラミングする。
③ パソコンと専用ソフトを使ってリストモードでプログラミングする。
という3つの方法があります。

いずれも図5.6のニーモニック表現に書かれているような記号を使って入力します。

パソコンや専用ツールのモニタ上でラダー図そのものを作成しておいて，ニーモニックに直す作業は専用ソフトウエアの変換機能を使う方法があります（図5.7）．

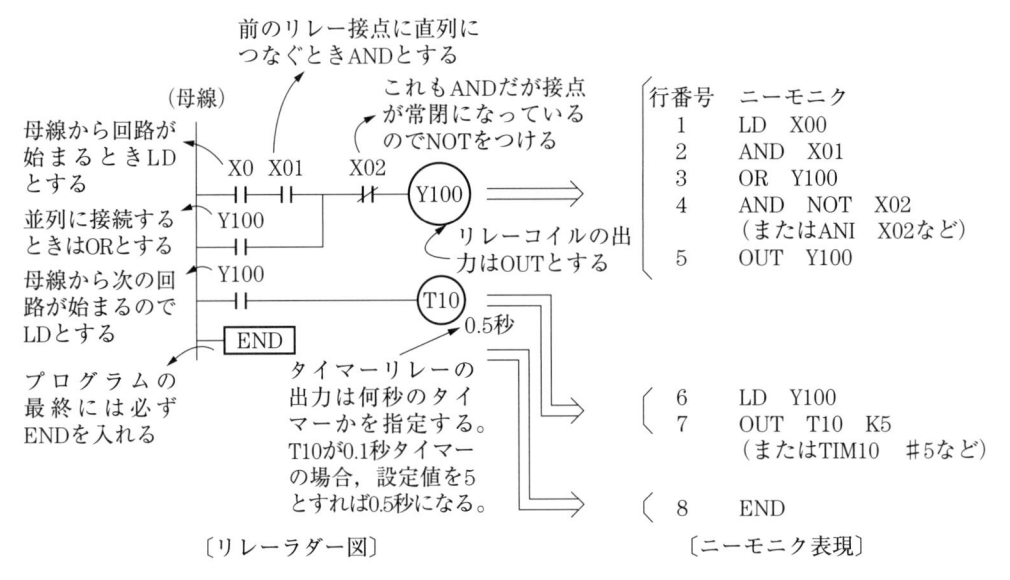

図5.6 ラダー図とニーモニクの関係

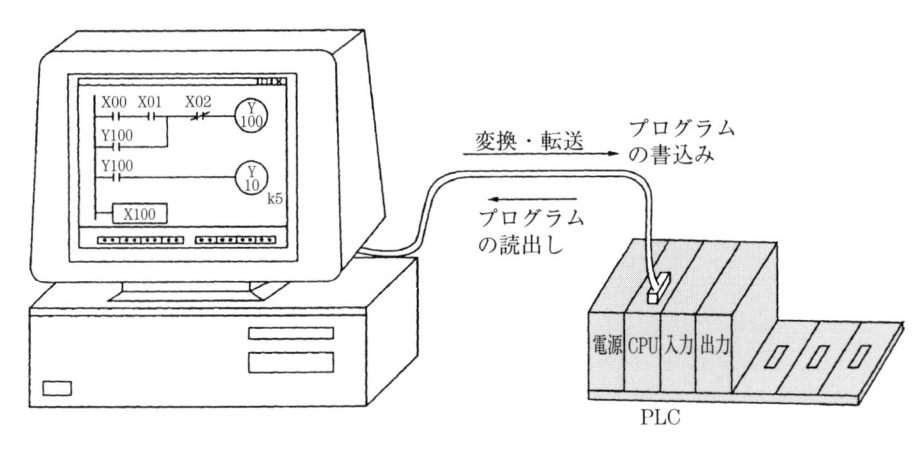

図5.7 パソコンまたは専用プログラミングツールによるラダー図のプログラミング

　PLCは一般にニーモニク表現しか理解できず，ラダー図のままではPLCのメモリに書き込むことができないのでこのような方法がとられています。実際のプログラミング画面の例を図5.8に示します。

▷ ［手順14］システム全体のデバッグ

　プログラムの書き込みが終了して正しいプログラムが入ったことを確認したら，PLCに接続されている機械システムの安全を確かめた上で，PLCのモードを運転またはモニタモードにしてプログラムを実行します。

　ごく簡単なプログラムでない限り一度で完璧な動作が得られることはまれで，機械システムの動作を1つひとつ確認しながら，プログラムを修正していきます。

　プログラムを修正するときには，運転またはモニタモードになっているPLCを停止モ

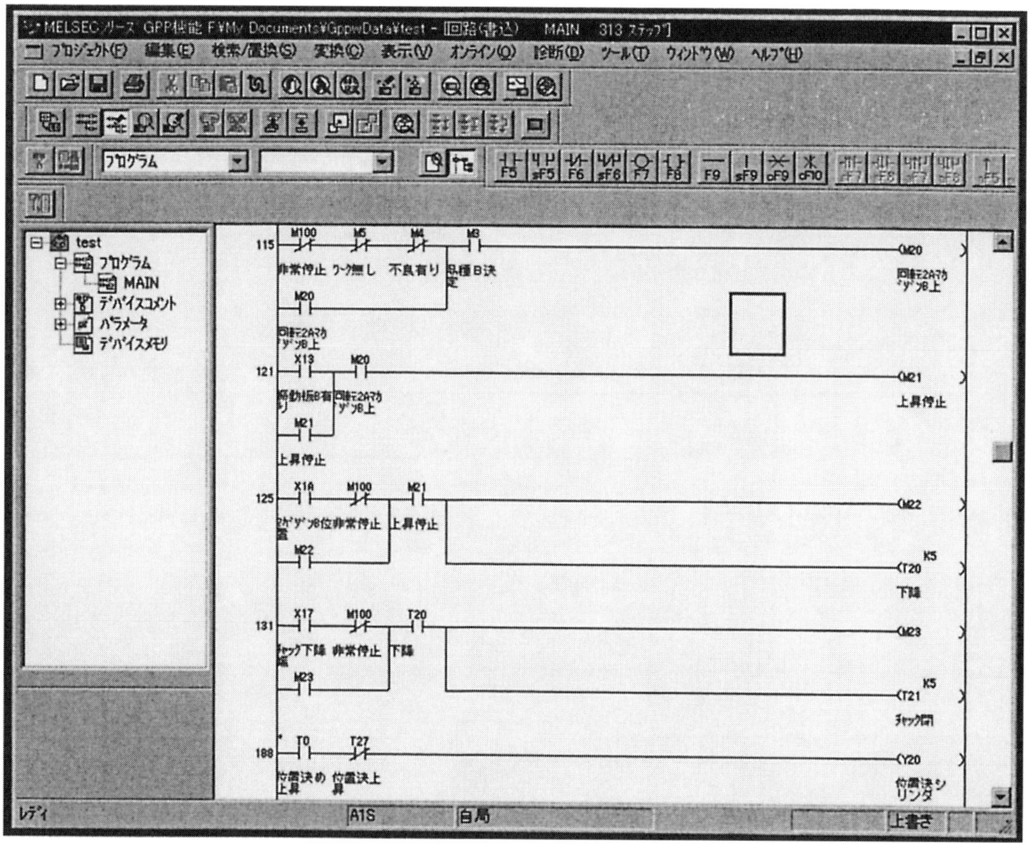

5.3 PLC立上げまでの手順

三菱電機　GPPW（PLC機種：A1SH）
入力リレー：X □□
出力リレー：Y □□
内部リレー：M □□
タイマ　　：T □□K □

図5.8　実際のプログラミング画面例（1）

ードにしてから，プログラムを修正して PLC に転送するのが普通です。転送先が完了すると新しいプログラムが前のプログラムに上書きされます。

　PLC のモードを停止に切替えたときに出力信号がどう処理されているのかが問題となることがあります。すなわち，停止直前に ON していた出力信号が停止してもそのまま ON した状態を保持しているか，または OFF してしまうのか，また，プログラム中に使っている内部リレーやタイマーなどの状態はそのまま保持されるのか，リセットされてしまうのかということです。これは PLC の機種によって異なります。

　ひとつの例として，図5.9の(a)と(b)の2つのケースを想定してみます。図5.9(a)の場合，通常の動作では，センサが ON するとコンベヤモータが停止するようにプログラミングされているとします。ところがコンベヤモータの出力が ON している状態で PLC を運転モードから停止モードにしたとき，出力信号が OFF するタイプの PLC ならモータが止まるので問題はありませんが，出力信号が ON したままになるタイプの PLC ですと，

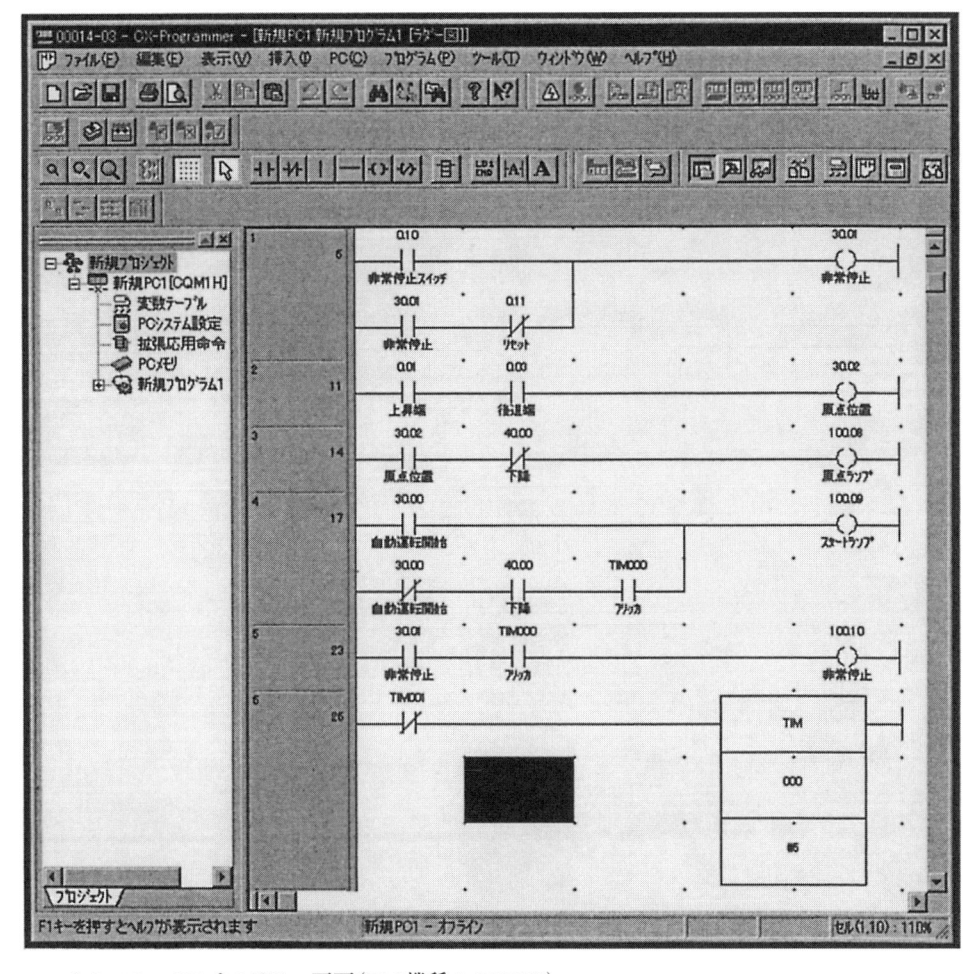

第1編　第5章　PLCの機種選定と立上げの手順

オムロン　CXプログラマ画面(PLC機種：CQM1H)
入力リレー：0□□　(0ch)
出力リレー：100□□(100ch)
内部リレー：30□□　(30ch)
タイマ　　　：TIM□□#□

図5.8　実際のプログラミング画面例（2）

センサがワークを検出しても，コンベヤモータは回転したままになり，ワークはコンベヤの右側からつぎからつぎへと落下してしまいます。

別な例として同図(b)の場合をみてみましょう。エアシリンダ1と2は両方ともシングルソレノイドバルブで駆動されていて，エアシリンダ1が前進するときにシングルソレノイドバルブ1をONし，これがOFFすると後退するものとします。また，チャック下降用のエアシリンダ2もシングルソレノイドバルブで駆動されていて，ONすると下降し，OFFすると上昇するものとします。

ワークをボディに挿入して，両方のシングルソレノイドバルブがONしている状態でPLCを停止モードにしたときを想定しますと，この出力がONしたまま保持されるタイプのPLCなら問題はありませんが，逆にOFFしてしまうタイプですと，シリンダが上昇と

5.3 PLC立上げまでの手順

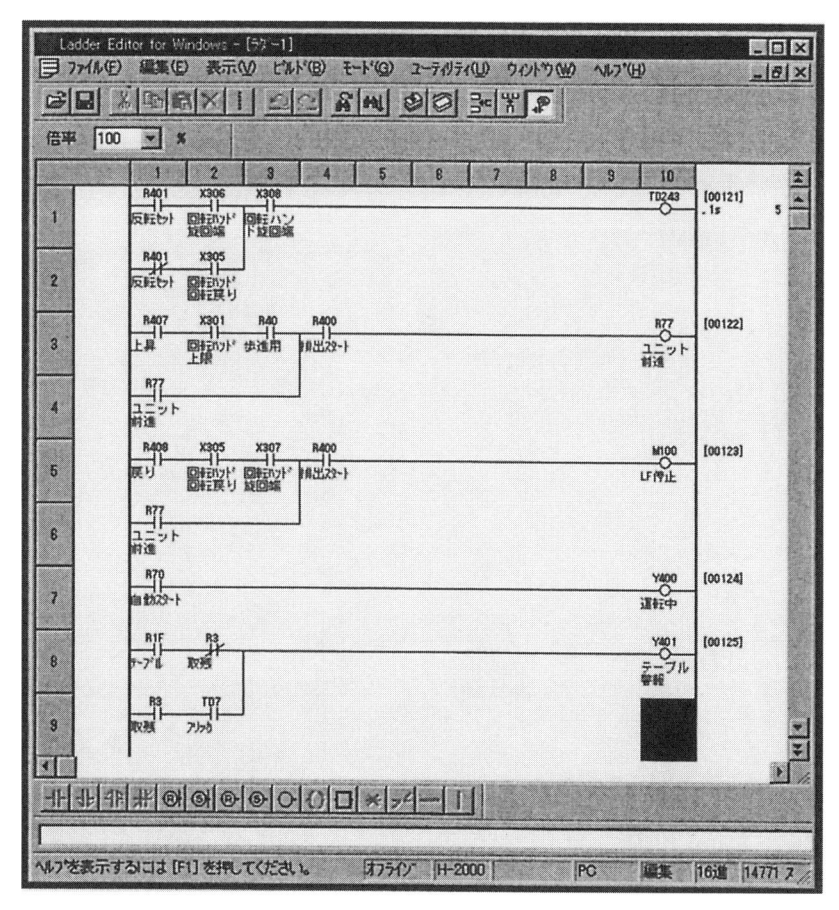

日立製作所　ラダーエディタ画面(PLC機種：H200)
入力リレー：X□□
出力リレー：Y□□
内部リレー：R□□
内部リレー：M□□
タイマ　　：TD□□　□.□S □

図5.8　実際のプログラミング画面例（3）

後退を同時に始めますので，上昇するスピードが遅いと，ボディにチャックがひっかかってトラブルを起こします。

　このように，PLCを停止モードにしたときに(a)のケースでは出力をOFFにしてほしいのですが，(b)のケースではONしたままが好ましいという結果になり，どちらがよいのかという判断はむずかしいものになります。

　PLCのタイプによって停止モードのときに出力信号がOFFするかONのままになるのかまちまちのため，PLCを選定するときに考慮しておきます。

　ただし，どちらのケースでもこのようなトラブルを回避する手段はあります。たとえば，(a)の場合，PLCが運転のときだけONするように機械式リレーを配線し，このリレー接点をコンベヤモータの駆動回路に入れるとか，(b)の場合には，前進／後退用のシリンダを駆動するバルブをダブルソレノイドバルブに変更するとかの方策を立てればよいわけです。

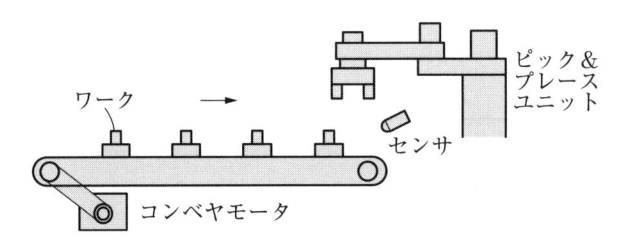

(a) コンベヤ上のワークの停止

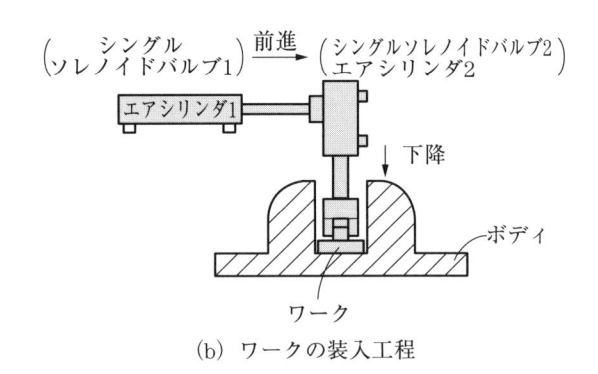

(b) ワークの装入工程

図5.9 「CPU停止」の際の条件を考える

▷［手順15］プログラムの保存

デバッグが完了して機械システムが正しく動作するようになったら，プログラムをフロッピーディスクやハードディスクなどに保存しておきます。

また，コメントを打ち込んでプログラムを印刷しておくとよいでしょう（図5.10）。

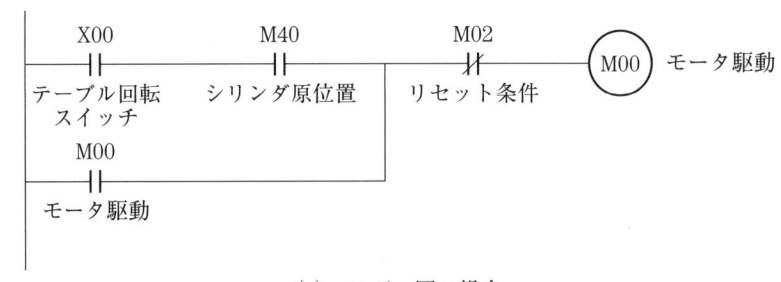

(a) ラダー図の場合

```
0   LD   X00    テーブル回転スイッチ
2   AND  M40    シリンダ原位置
4   OR   M00    モータ駆動
6   ANI  M02    リセット条件
8   OUT  M00    モータ駆動
10  END
```

(b) ニーモニクの場合

図5.10 コメントの例

コメントがないと後でプログラムの内容がわかりにくいので必ず入れておくようにします。

第5章のまとめと補足

1. PLCを選定するときの基準として次のような仕様を確認しておかなければならない。
    - 最大出力点数
    - プログラム容量
    - 処理速度
    - 特殊ユニット使用の必要性
    - 特殊コマンド使用の必要性
    - 通信機能やネットワーク機能などの補助ハードウェアの必要性
    - プログラミング方法

2. プログラミング方法には次の3種類がある。
    - プログラミングコンソールによる方法
    - 専用グラフィカルプログラミングツールによる方法
    - 汎用パソコンによる方法

3. PLC立上げまでには次のような手順が通常必要である。
    ① PLCの構成の決定
    ② PLCの配線
    ③ 入出力機器と入出力カードの配線接続
    ④ プログラムの作成
    ⑤ プログラムの書込み
    ⑥ 配線やプログラムのデバッグ

第2編

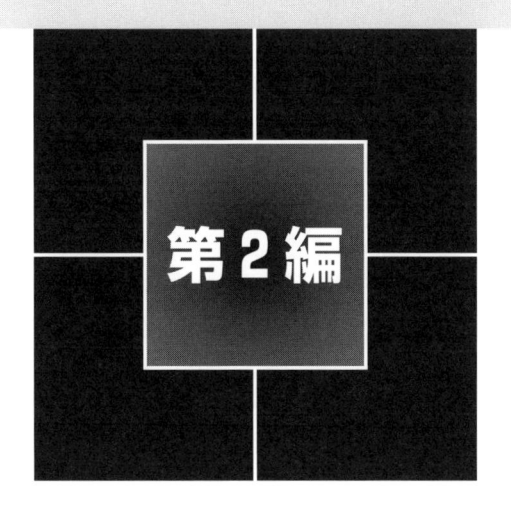

プログラミングの基礎

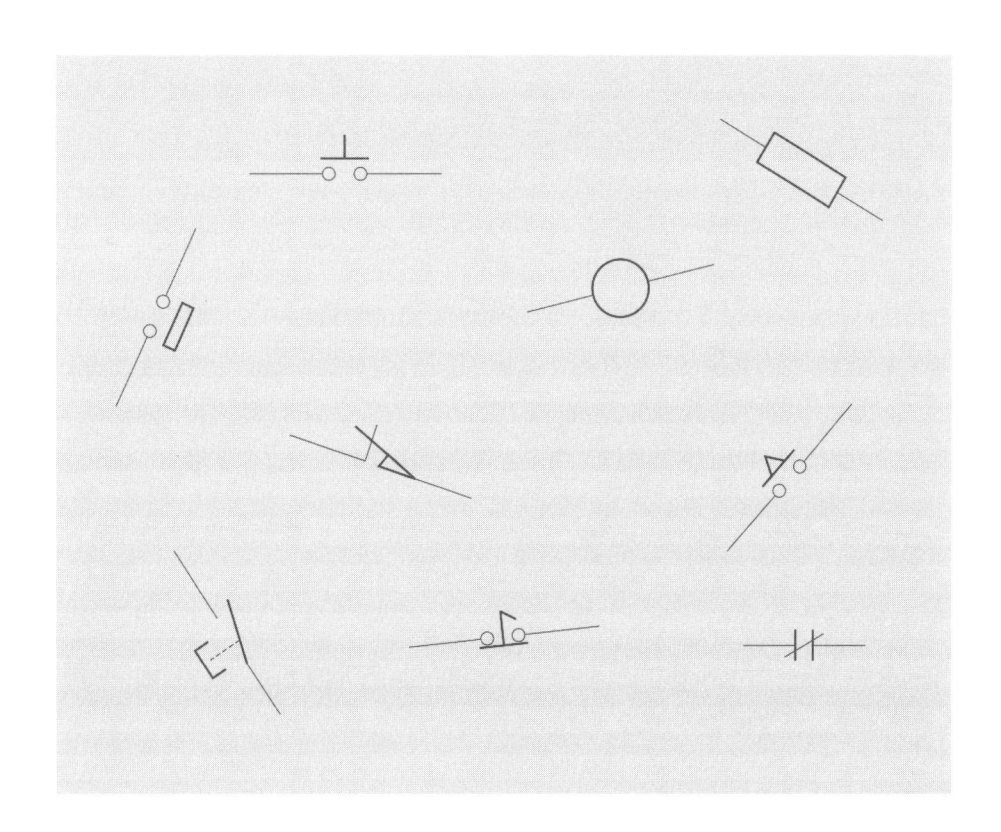

第1章

PLCプログラムの表記方法とプログラミングの基礎

本章ではラダー図を使ってPLCのプログラムを作るための基礎を学びます。ラダー図の中でも最も一般的で基本的な手法であるリレーコイルとリレー接点を使ったプログラムを記述するために必要な項目について解説します。

1.1　ラダー図の表現方法

　PLCのシーケンス回路はラダー図を使って表現することができます。ラダー図でPLCのプログラムを作成すると，PLCのプログラムメモリに書き込むことができますが，そのためには専用のニーモニック言語に翻訳しなければなりません。

　最近では，パソコンの画面でラダー図を作画して，それをニーモニックに自動変換するソフトウェアを使うことが多くなっています。このようなソフトウェアはPLCと通信して変換したプログラムをパソコンからPLCへ転送することもできるようになっています。

　PLCで使われるラダープログラム，すなわちラダー図は，リレー回路を模倣したもので，通常の使い方であればリレー回路とほぼ同じように動作するように設計されています。ラダープログラムの中で応用命令などを使わずにリレー回路だけでラダー図を組むことを考えると，プログラムに使う記号は，図1.1に示すようなリレーのa接点，b接点とリレーコイルの3種類となります。

　　　　　　　a接点　　　　b接点　　　　コイル
図1.1　リレーコイルと接点の表記方法

　表1.1は，一般的なラダープログラムを組むときに使う最も標準的な5つのリレーについての本書での表示方法をまとめたものです。本書の解説では，入力リレーをX，出力リレーをY，タイマをT，カウンタをCと記述します。実際にはPLCの機種によって使用

されるリレーの表記方法や番号の振りかたが若干異なっています。

表1.1　PLCプログラムに使う一般的な内部リレーと本書の記述

リレーの種類	意　　　　味	リレーコイルの記述	接点の記述
入力リレー番号	PLCの入力ユニットの端子番号に相当する。	— （入力リレーのコイルは存在しない）	X** X** ─┤├─ ─┤/├─
出力リレー番号	PLCの出力ユニットの端子番号に相当する。	(Y**)	Y** Y** ─┤├─ ─┤/├─
補助リレー番号	PLCの内部リレーで入出力を行わない補助的に利用する仮想的なリレー。	(M**)	M** M** ─┤├─ ─┤/├─
タイマリレー番号	PLCの内部リレーでタイマ機能をもつ。タイマリレーの入力が入ってからリレー接点が動作するまでの時間を設定できるオンディレータイマ。Kは定数を意味し，設定値はKのあとに書く。タイマの基準値が0.1秒のときはK20とする2秒のタイマとなる。	(T**) K□□	T** T** ─┤├─ ─┤/├─
カウンタリレー番号	PLCの内部リレーでカウンタ機能をもつ。設定したカウント数だけカウントするとその接点が切替わる。K14でカウント数14となる。	(C**) K□□ □□は設定値	C** C** ─┤├─ ─┤/├─

表1.2には，いくつかの実際のPLCの機種とそのプログラムで使われるリレーの名称と番号の割付け状況をまとめてあります。

表1.2　PLCの機種とリレーの割付例

PLC機種名	三菱 AISH	三菱 FX 2 N	オムロン CQM 1 H	オムロン C 200 HE	オムロン CS 1	日立 H-200
入出力リレー （入出力最大合計）	256点 X 00～XFF Y 00～YFF （XとYで番号が重複しない）	256点 X 0～X 267 Y 0～Y 267 （XとYの番号は重複する）	入力256点 0 CH～15 CH 出力256点 100 CH～115 CH	640点 0 CH～29 CH 300 CH～309 CH （入力と出力の番号は重複しない）	5120点 0 CH～319 CH	256点 X 00～X 1515 Y 00～Y 1515 （XとYの番号は重複しない）
補助リレー	2048点 M 0～M 999 L 1000～L 2047	500点 M 0～M 499	2368点 16 CH～89 CH 116 CH～189 CH	6464点 30 CH～231 CH 310 CH～511 CH	42304点 1200 CH～1499 CH 3800 CH～6143 CH	1984点 R 0～R 7 BF
100 msタイマ	200点 T 0～T 199 M 1000～L 2047	200点 T 0～T 199	タイマ・カウンタ合計で 512点	タイマ・カウンタ合計で 512点	4096点 T 0～T 4095	タイマ・カウンタ合計で 512点
10 msタイマ	56点 T 200～T 255	46点 T 200～T 245	タイマ TIM 0～TIM 512 カウンタ CNT 0～CNT 511	タイマ TIM 0～TIM 512 カウンタ CNT 0～CNT 512		タイマ TD 0～TD 255 カウンタ CU 0～CU 511
カウンタ	256点 C 0～C 255	200点 C 0～C 199	高速タイマ TIM 0～TIM 15 （タイマとカウンタの番号は重複しない）	（タイマとカウンタの番号は重複しない）	4096点 C 0～C 4095	（タイマとカウンタの番号は重複しない）
注			*CHはチャネルの意味。各チャネルの末尾に0～15迄の下2桁の番号をつけるとリレー番号になる。 （例）15 CH→ 1500～ 1515の16個のリレー 　　　189 CH→18900～18915の16個のリレー			

本書の中では，下記のようなリレー割付を使用していることが多くなっています。

入力リレー	X 00～X 07
出力リレー	Y 10～Y 17
補助リレー	M 00～M 9
	M 10～M 19
	⋮
タイマ	T 00～T 09
カウンタ	C 00～C 09

これは表1.2の中のA1SHの場合とほぼ同じ割付けになっています。

例えば，この割付をその他のPLCに適用するときには，表1.3のようにPLCの機種によって読み替えてください。

表1.3 本書の記述と各種PLCのリレー番号の読み替え

	本書の記述	FX₂N	CQM 1 H	C 200 HE	CS 1	H-200
入力リレー	X 00～X 07	X 00～X 07	0000～0007	0000～0007 (0 CHのとき)	0000～0007 (0 CHのとき)	X 00～X 07
出力リレー	Y 10～Y 17	Y 00～Y 07 (またはY 10～Y 17)	10000～10007	0100～0107 (1 CHのとき)	0100～0107 (1 CHのとき)	Y 100～Y 107
補助リレー	M 00～M 09 M 10～M 19	M 00～M 09 M 10～M 19	1600～1609 1700～1709	3000～3009 3100～3109 (30 CH～のとき)	120000～120009 120100～120109	R 00～R 09 R 10～R 19
タイマ カウンタ	T 00～T 09 C 10～C 19	T 00～T 09 C 10～C 19	TIM 00～TIM 09 CNT 10～CNT 19 (タイマとカウンタの番号は重複しない)	TIM 00～TIM 09 CNT 10～CNT 19 (タイマとカウンタの番号は重複しない)	T 00～T 09 C 10～C 19	TD 00～TD 09 CU 10～CU 19 (タイマとカウンタの番号は重複しない)

1.2 ラダー図に使われる記号の呼称

ラダー図はリレーを使った電気回路をソフトウエアで置き替えたものですから，その呼び名もリレー回路のものと類似しています。

リレー回路とラダー図を比較すると図1.2のようになります。

(a) ラダープログラム   (b) リレー回路

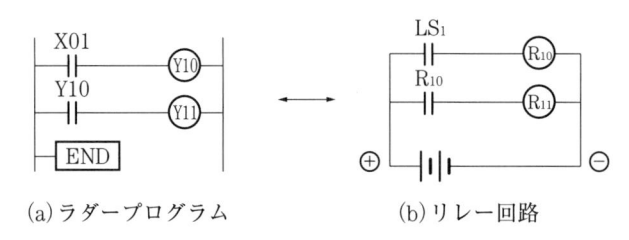

図1.2 ラダー図とリレー回路の比較

一般的にラダー図を読むときには，ラダー図の左側の縦のラインにプラスの電圧がかかっていて，右側の縦のラインがマイナス（グランド）になっているものと考えます。図

1.2(a)のようなラダー図のプログラムを考えると，X01のa接点が閉じると，Y10のリレーコイルの両端に電圧がかかり，Y10のリレーコイルに電圧がかかるのでコイルが励磁し，そのコイルの接点 Y10 が切替わるというように読むことができます。

これは同図(b)のリレー回路において LS_1 がONしたら，R_{10} のコイルが励磁して，その接点 R_{10} が作動するということと同じ意味になります。

このようにラダー図はリレー回路にそのまま読み替えることができます。そこでラダー図の中の各部分はリレー回路と同じような呼び方をします。図1.3にはその例を示します。

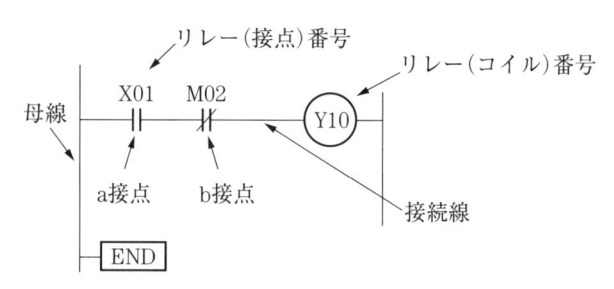

図1.3　ラダー図の呼称

1.3　ニーモニクでのプログラム表現

PLCのラダー図はLD，AND，OR，OUTなどの専用のニーモニク言語を使って記述することができます。このニーモニクの記述はPLCの演算順序と演算の手順を表現しているので，プログラムを解析する上で重要です。

ラダープログラムで取扱われる1つの回路の単位は母線に接続している最上段左上の接点にはじまって，その接点と連続して接続している最終のリレーコイルまでのひとつづりで，次の回路はまた母線に接する接点から始まります。

その1つの回路のはじまりをニーモニクで記述するときには必ずLD命令を使います。そして，プログラムの終端にくるリレーコイルにはOUT命令を使います。

例えば図1.4のラダー図はX0が母線からはじまっているので，LD X0とし，M0のリレーコイルはOUT M0とします。この回路はもうひとつ出力M1が並記されていますので，さらにOUT M1と付け加えています。なお，ラダー図の一番最後には必ずEND命令を付けることを忘れないで下さい。

回路が複数あるときは，次の回路のはじまりを表すためにLD命令を使って記述します。

最初の接点が図1.5のX0のようなb接点になっている場合には，LDの否定（Inverse）をつかい，LDI命令（またはLD NOT命令）とします。

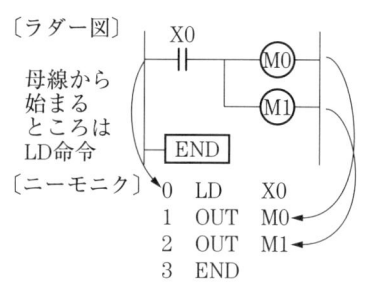

図1.4

図1.6のように，a接点を直列に接続するときにはAND命令を使います。b接点を直列に接続するときにはANDの代わりにANI命令（またはAND NOT命令）を使います。

図1.7には，a接点を並列に接続するときのOR命令の使い方を示します。b接点を並列に接続するときには，ORI命令（またはOR NOT命令）を使って表します。

図1.8のように，ラダー図が接続線の途中で枝分かれしているところでは，枝分かれしたところから分岐の終わりまでを1つのブロックと見なして処理します。

ブロックのはじまりは，LD命令を使いま

〔ラダー図〕

次の回路のはじまりはLDとする

b接点のとき

2つ目の回路のリレーコイル

〔ニーモニク〕

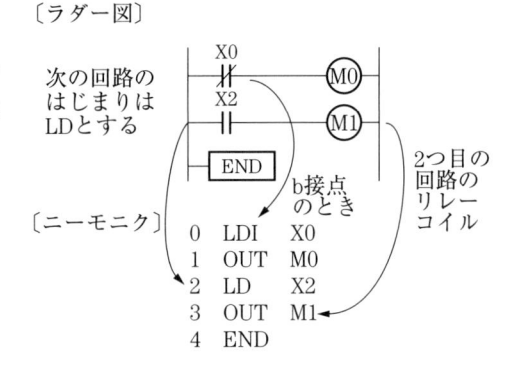

```
0  LDI  X0
1  OUT  M0
2  LD   X2
3  OUT  M1
4  END
```

図1.5

〔ラダー図〕

〔ニーモニク〕

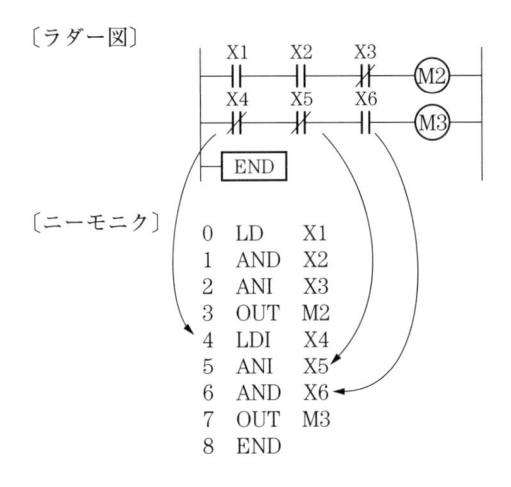

```
0  LD   X1
1  AND  X2
2  ANI  X3
3  OUT  M2
4  LDI  X4
5  ANI  X5
6  AND  X6
7  OUT  M3
8  END
```

図1.6

〔ラダー図〕

X2のa接点はX1と並列に並んでいる

〔ニーモニク〕

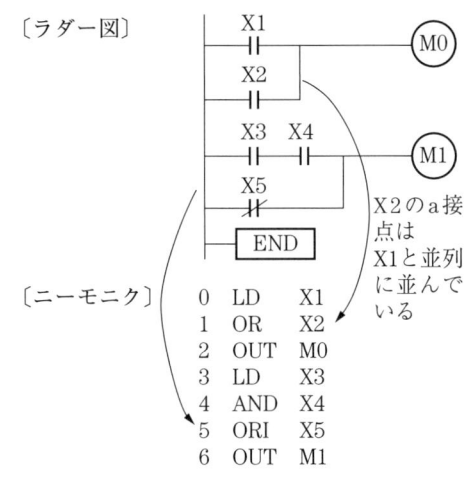

```
0  LD   X1
1  OR   X2
2  OUT  M0
3  LD   X3
4  AND  X4
5  ORI  X5
6  OUT  M1
```

図1.7

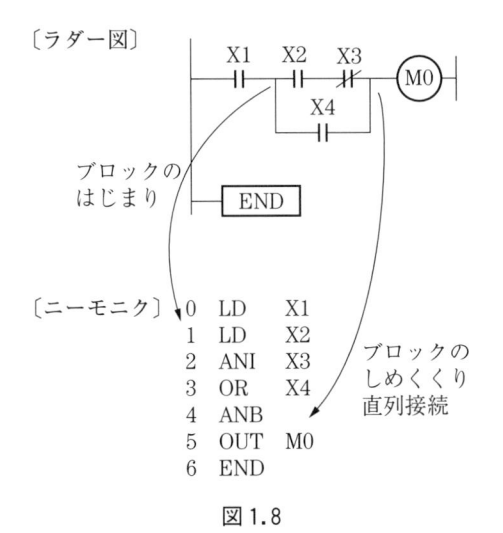

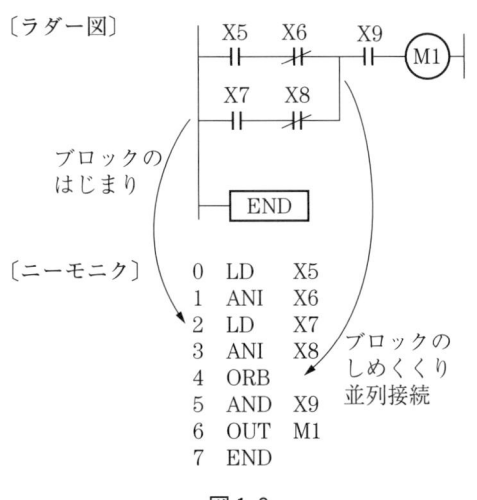

〔ラダー図〕

ブロックのはじまり

〔ニーモニク〕

```
0  LD   X1
1  LD   X2
2  ANI  X3
3  OR   X4
4  ANB
5  OUT  M0
6  END
```

ブロックのしめくくり 直列接続

図1.8

〔ラダー図〕

ブロックのはじまり

〔ニーモニク〕

```
0  LD   X5
1  ANI  X6
2  LD   X7
3  ANI  X8
4  ORB
5  AND  X9
6  OUT  M1
7  END
```

ブロックのしめくくり 並列接続

図1.9

す。
　ブロックの終端では，そのブロック全体が元の枝分かれする部分に直列接続するときにANB命令（またはAND LD命令）を使ってそのブロックを締めくくります。
　図1.9のX7，X8のように，枝分かれする部分にそのブロックを並列に接続するときにはORB命令（またはOR LD命令）を使ってそのブロックを締めくくります。
　ラダー図の中に0から連番号が振ってありますが，これがプログラムのステップ番号です。通常PLCのプログラムの長さは，このステップの数で表現されます。例えば2Kステップのメモリ容量と言うと，0～1999までの2000ステップの長さのプログラムを書くことができます。
　表1.4に代表的なニーモニック命令をまとめておきます。ANB，AND，LD，AND，STRのように並記してあるものは，どれでもよいということではなく，PLCの機種によって表現の異なる場合があることを示しています。

表1.4　ニーモニック表現の代表的な命令の例

ニーモニック表現		意　　味
a接点のとき	b接点のとき	
LD STR	LDI LD NOT STR NOT	母線からはじまるところまたは，接続線が枝分かれするところでブロックの開始を意味する
AND	ANI AND NOT	接点の直列接続
OR	ORI OR NOT	単独接点の並列接続
ANB AND LD AND STR	—	分岐の終端を表わし，分岐点から終端までのブロックをAND（直列）接続することを意味する
ORB OR LD OR STR	—	分岐の終端を表わし，分岐点から終端までのブロックをOR（並列）接続することを意味する
OUT	—	リレーコイル出力

1.4　ラダープログラムの演算順序

　プログラミングされたラダー図の演算順序は，おおむねラダー図の左から右へ演算してゆき，上の回路から下の回路へ順次演算が移ってゆくと考えます。図1.10にはラダー図の演算順序が記載してあります。演算は①から順に⑮まで行われ，演算の前後では入出力やメモリの読書きなどの処理も行われます。
　PLCのラダー図はプログラムメモリにニーモニック表現のかたちで記憶されます。ラダー図をニーモニックに変換しますとLD命令からはじまって最後のEND命令までの一連のニーモニックプログラムができます。PLCがプログラムを実行しますと，ニーモニック命令

第2編　第1章　PLCプログラムの表記方法とプログラミングの基礎

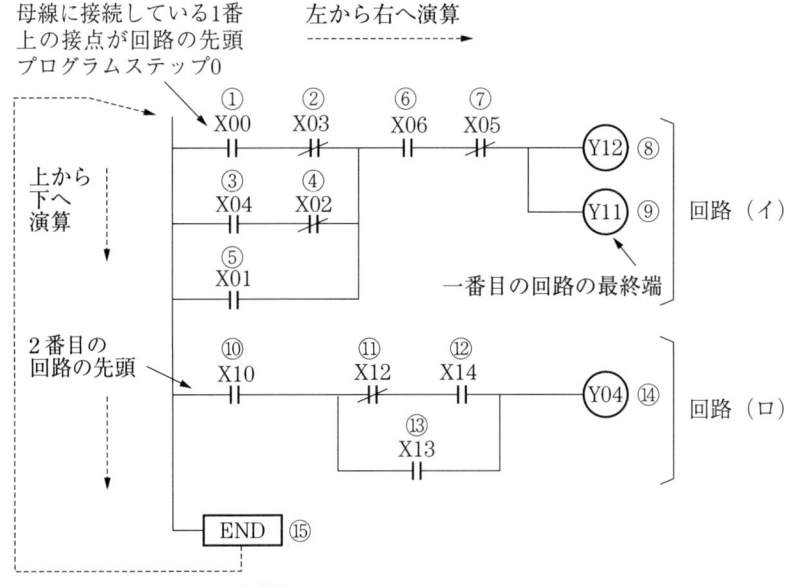

```
            母線に接続している1番
            上の接点が回路の先頭      左から右へ演算
            プログラムステップ0      ────────→
                  ①   ②     ⑥   ⑦
                  X00  X03   X06  X05
                 ─┤├──┤├───┤├──┤├────(Y12)⑧
                  ③   ④                   ┐
      上から      X04  X02                (Y11)⑨  回路（イ）
      下へ      ─┤├──┤├─               ┘
      演算        ⑤                         ↑
                  X01                    一番目の回路の最終端
                 ─┤├─

      2番目の     ⑩      ⑪    ⑫
      回路の先頭  X10     X12   X14
                ─┤├─────┤├────┤├────(Y04)⑭  回路（ロ）
                         ⑬
                         X13
                        ─┤├─

                ┌──────┐
                │ END  │⑮
                └──────┘
      元に戻る（くり返し演算）
```

（1）ラダー図の1回路は母線から発した接点で始まり，出力リレー（または出力関数など）までの連結された回路で構成される。例えば(イ)の回路は①がはじまりで⑨が終端になる。
（2）複数の回路がある場合は上から順に演算してゆく。
（3）1つの回路は左から右へ，上から下へ順次演算してゆく。演算の具体的な順序は図中の①から番号で示してある。
（4）END命令を実行するとステップ0に戻る。すなわち，プログラムステップ0からEND命令までを繰り返し実行する。
（5）プログラムステップ0からENDまで（①～⑮まで）演算を行いデータ入出力処理のあと次にプログラムステップ0に戻るまでの一連の演算処理を1スキャンと言う。

図1.10　ラダー図の回路構成と演算順序

がステップ番号順に上から順番に実行されていきます。END命令まで実行しますと，また最初の命令に戻って，演算をくり返し実行します。

　この1回の演算を1スキャンといい，1スキャンの実行にかかる時間をスキャンタイムといいます。後述しますが，このプログラムを実行する前後で入出力リレーやメモリなどのデータ入出力処理を行っており，その一連の処理をする時間もスキャンタイムの中に含めます。スキャンタイムはPLCの機種によってかなりの差がありますが，数μs～数十μsのものが多いようです。ただし，プログラムが長くなるとスキャンタイムが長くなることになるので，高速な制御が必要なときは注意します。

　図1.10のラダー図をニーモニクで記述しますと，図1.11のようになります。実際の演算過程では，リフレッシュ方式の場合，命令のステップを実行する前に入力リレーの状態を読み込み，そのデータを記憶してから，ステップ0～ステップ16（END）までの演算を行い，演算中または演算後に出力リレーを演算結果にもとづいて変化させます。演算途中で使われる補助リレーやタイマリレーなどの変化は演算中にその変化を記憶していきます。

1.4 ラダープログラムの演算順序

処理の流れ	ステップ	ニーモニク命令		図1.10 対応No.	ニーモニク命令実行例
↓	入力リレー読込み				(仮定) X00：ON(True)，X01〜X06：OFF(False) X10〜X14：ON (True)となっていたときの演算例
↓	0	LD	X00	①	BLOCK1 ⎡ X00 AND $\overline{X03}$ → BLOCK1
↓	1	ANI	X03	②	⎣ 〔T〕 〔T〕 〔T〕
↓	2	LD	X04	③	BLOCK2 ⎡ (X04 AND $\overline{X02}$) OR X01 → BLOCK2
↓	3	ANI	X02	④	⎢ 〔F〕 〔T〕 〔F〕 〔F〕
↓	4	OR	X01	⑤	⎣
↓	5	ORB			BLOCK3 ⎡ BLOCK1 OR BLOCK2 → BLOCK3
↓	6	AND	X06	⑥	⎣ 〔T〕 〔F〕 〔T〕
↓	7	ANI	X05	⑦	BLOCK3 AND X6 AND $\overline{X5}$ → Y12 , Y13
↓	8	OUT	Y12	⑧	〔T〕 〔F〕 〔F〕 〔F〕〔F〕
↓	9	OUT	Y11	⑨	
↓	10	LD	X10	⑩	BLOCK4 ⎡ X10 → BLOCK4
↓	11	LDI	X12	⑪	⎣ 〔T〕 〔T〕
↓	12	AND	X14	⑫	BLOCK5 ⎡ ($\overline{X12}$ AND X14) OR X13 → BLOCK5
↓	13	OR	X13	⑬	⎢ 〔F〕 〔T〕 〔T〕 〔T〕
↓	14	ANB			⎣
↓	15	OUT	Y04	⑭	BLOCK4 AND BLOCK5 → Y04
↓	16	END		⑮	〔T〕 〔T〕 〔T〕
↓	出力処理 (演算結果に基づいて，実際の出力リレー端子の出力状態を切り替える)				演算の結果 ⎛ Y12：False (OFF) ⎞ となったので ⎜ Y13：False (OFF) ⎟ ⎝ Y04：True (ON) ⎠ PLC出力ユニットのY12とY13の端子をリセット(OFF) し，Y04端子をセット(ON) する
↑	図の先頭（入力リレー読込み）に戻る				先頭に戻る

図1.11 ニーモニク命令と演算順序

(注) T：True (ON)，F：False (OFF)，
BLOCK□：補助変数，
$\overline{X}$：NOT X (Xの否定：XがTのとき $\overline{X}$ はF，Xが Fのときは $\overline{X}$ はT)

この一連の動作が実際の1スキャンで，動作完了後にまた入力リレーの状態を読み込んで，次のスキャンを開始します。PLCが実行（RUN）状態にあるときはこの演算処理を無限に繰り返していることになります。

1.5　リフレッシュ方式とダイレクト方式

　図 1.11 の出力方式は，リフレッシュ方式または一括出力方式と呼ばれています。リフレッシュ方式では，プログラムの演算途中で出力リレーの変化があってもその場では出力端子の状態を変化させず，全ての演算が終了した時点，すなわち END 命令を実行した時点で全ての出力端子の状態を一度に切替える方式です。図 1.11 は，入力に関してもリフレッシュ方式となっています。すなわち，演算を行う直前に入力信号を全点一括してメモリ上に取り込んで演算の中ではそのデータを使って演算を行います。したがって入力をリフレッシュ方式としますと，演算中に入力信号が変化しても無視されます。

　リフレッシュ出力方式に対して，プログラム演算中に出力が変化する都度出力端子の制御を行うものをダイレクト出力方式または逐次出力方式といいます。ダイレクト出力方式ではプログラム演算中に出力リレーが変化すればすぐにその場で出力端子の状態を切替えます。入出力信号をダイレクト方式にすると，プログラムの中で使われている演算に必要な信号の読み込みだけを行えばよいことになるので高速処理に対応し易いのですが，使い方によっては出力信号にバラツキが生ずることがあります。

　PLC の機種によって，採用されている方式は異なりますが，リフレッシュ方式が一般的です。また，入力はリフレッシュ方式で出力はダイレクト方式としている PLC もあります。PLC の機種によってはどの方式とするかをパラメータで設定できるものもあります。

1.6　ラダープログラム上のリレーの動作

　リレーのもっている a 接点（—| |—），b 接点（—|/|—）及びリレーコイル（—◯—）の 3 種類のシンボルをつかうと入力，出力，補助リレー，タイマ，カウンタの各リレーとその接点の接続をラダー図として表現することができます。ここではまずラダープログラムの中でつかう各リレーの動作を説明します。

（1）　入力リレーの動作

　入力リレーは，ラダープログラムによって ON/OFF することはできません。それではいつ入力リレーの接点の状態が切り換わるのかといいますと，PLC 入力ユニットに接続されている外部入力スイッチが切替わり，これを PLC が入力として認識したときにその入力リレーの接点が切替わります。

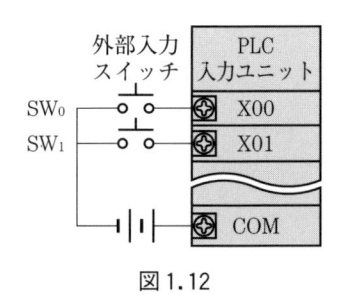

図 1.12

1.6 ラダープログラム上のリレーの動作

例として，図1.12のように外部入力スイッチが接続されたPLC入力ユニットがあるとします。プログラムで使う ─┤X00├─ というa接点は，初期状態では開いていますが，外部入力スイッチSW_0が押されて，X00端子に電流が流れると，PLCは入力リレーX00がONしたと認識して ─┤X00├─ の接点を閉じた状態にします。これが入力リレーのON/OFFです。

すなわち，入力リレーの接点の状態はそこに接続されている外部入力のON/OFFと同期することになります。

（2） 出力リレーの動作

出力リレーは，ラダープログラムによって能動的にON/OFF制御するリレーです。ラダープログラムを実行して出力リレーをONしますと，PLC出力ユニットの端子台の中の，その出力リレーと同じ番号の端子とCOM端子の間が導通状態となります。その結果，その2つの端子間に接続されているランプやアクチュエータに電圧がかかり，電気的な動作をさせることができます。出力リレーがONすると，出力端子に通電するのと同時に，その出力リレー（例 Y10）と同じ番号をもつ接点（例 ─┤Y10├─ とか ─┤/Y10├─ ）がプログラムの中で切替わります。

図1.13を使って具体的な動作を説明します。図1.13のようにPLC出力ユニットにランプとモータが配線されていて，図1.14のようなプログラムを実行してみます。そこで，入力リレーX0がONしますと，接点 ─┤X0├─ が閉じますので，プログラム上の出力リレー Y11 はONになります。

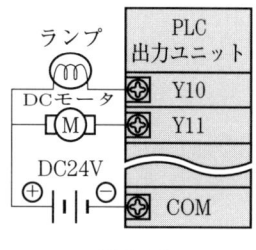

図1.13

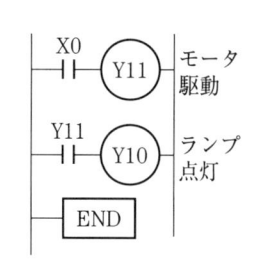

図1.14

すると，PLC出力ユニットの同じ番号の出力端子Y11とCOMの間が導通になりますので，モータの両端にDC24Vの電圧がかかってDCモータが回転します。

プログラム上の Y11 リレーがオンしますとY11のa接点 ─┤Y11├─ が動作してその接点が閉じますので，図1.14の出力リレー Y10 がONします。すると，これと同じ番号のPLC出力ユニットの端子がCOM端子と導通状態になりますのでY10端子に接続しているランプが点灯します。

（3） 補助リレーの動作

補助リレーは出力リレーと同じように，プログラムの中で能動的にON/OFFを行うことができますが，出力リレーと違って外部入出力機器の動作に関係しないリレーで，プログラムをつくる上で補助的な役割をするリレーです。外部入出力との関わりがないので，プログラムの中で自由に使うことができるのが利点です。

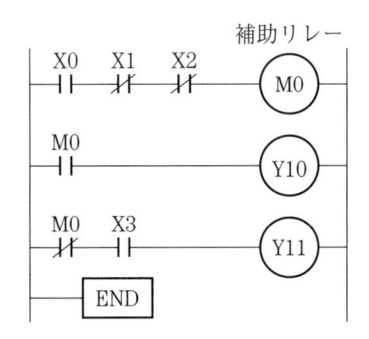

図1.15　補助リレーによる置替え

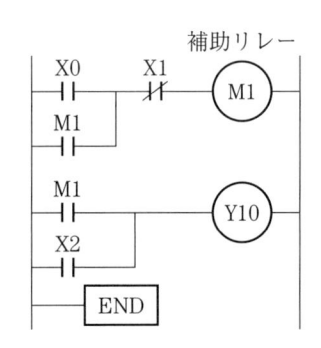

図1.16　補助リレーを使わなければ
　　　　実現できない回路

　図1.15はプログラム上何度も使う条件を補助リレーM0でいったん置き替えてプログラムを簡素化しているものです。

　図1.16は出力リレーY10をコントロールするプログラムですが，この動作は補助リレーを使わなければ実現できません。

（4）タイマリレーの動作

　PLCで使われる最も標準的なタイマはオンディレイ型です。タイマは外部入出力の動作に関与しないのでプログラム中で自由に使うことができます。図1.17の例では入力リレーX05をONさせておくと，1秒後にタイマT03の接点 ─┤├─ がONになり，つづいて，5秒してからT04の接点が動作します。入力リレーX05がOFFしますと，同時にT03とT04のリレー接点も元の開の状態に戻ります。

　(T03)K10のKは定数のことで，10は10進数の10を意味します。タイマが0.1秒単位のものとすると，K10は1秒の遅延（ディレイ）時間が設定されていることになります。

　タイマT03の接点は入力リレーX05が1秒以上ONし続けたときにはじめて切替わります。入力リレーX05がOFFするとすぐにT03の接点も元の状態に戻ります。

　一方，出力リレー(Y10)と(Y11)はそれぞれT03とT04のa接点の動きでON/OFFするプログラムになっていますので，結果的にX05がONしてから1秒後にY10がONしてその後5秒後にY11がONすることになります。

　PLCによってはリレーコイルTの代わりにTIM，Kの代わりに#を使っているものなどもあります。

（タイマは0.1秒単位とする）
図1.17

（5） カウンタリレーの動作

カウンタは，カウンタリレーにカウント数の上限をつけた型で表現します。図1.18のラダープログラムでは入力リレーX03が12回ON/OFFをくり返すとC10のa接点，すなわち ─┤├─ C10 が閉じて出力リレー Y11 をONします。

X04がONすると，C10リレーをリセットするので，カウント値は0に戻り，同時に ─┤├─ C10 の接点が開いて元の状態に戻ります。

RSTはリセット命令と呼ばれていて，RSTの後につづくリレーをOFFにします。カウンタをリセットするとC10の接点がOFFになるのと同時にカウントしている現在値を0に戻します。

PLCによっては，カウンタリレーに2つの入力があり，1つ目はカウントする入力で，2つ目はリセットする入力となっているものもあります。図1.19はその例で，図1.18と同じ動作をします。

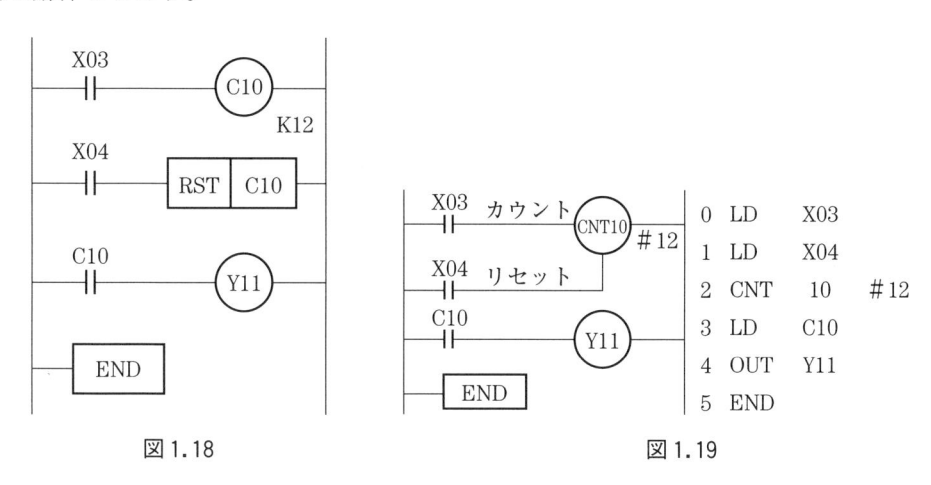

図1.18

図1.19

1.7　ラダー図の基本回路

今まで説明してきたラダー図を構成する要素をつかった回路とその動作順序をサンプルをつかって説明します。

まず，リレー，タイマ，カウンタの基本的なラダー図の例を示します。

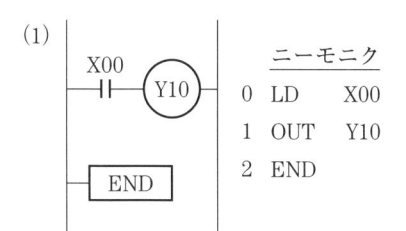

（1）

ニーモニク
0　LD　　X00
1　OUT　Y10
2　END

X00のa接点が閉じるとY10が励磁（ON）する。（もし，X00にa接点の押ボタンスイッチが接続され，Y10にランプが接続されていれば押ボタンスイッチを押したときにランプが点灯する。）

(2)

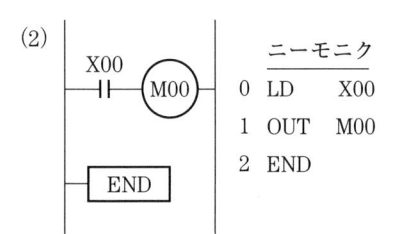

```
     X00   ┌───┐        ニーモニク
    ─┤├───(M00)    0  LD    X00     X00の入力がONになると，リレーM00がON
                   1  OUT   M00     する。
     ┌───┐         2  END           （M00は入出力と関係ないので外部機器の変化は
     │END│                          ない。）
     └───┘
```

(3)

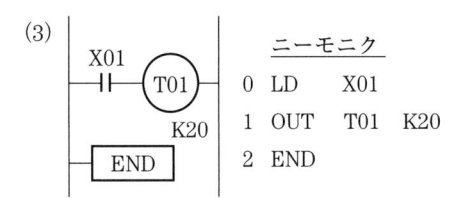

```
     X01   ┌───┐        ニーモニク
    ─┤├───(T01)    0  LD    X01         X01が2秒間ONした状態をつづけているとT
              K20   1  OUT   T01  K20   01のコイルがONする。
     ┌───┐         2  END               X01がOFFするとすぐさまT01のコイルは
     │END│                               OFFになる。
     └───┘
```

（Kは定数のこと）
（0.1秒タイマとするとK20で2秒になる）

(4)

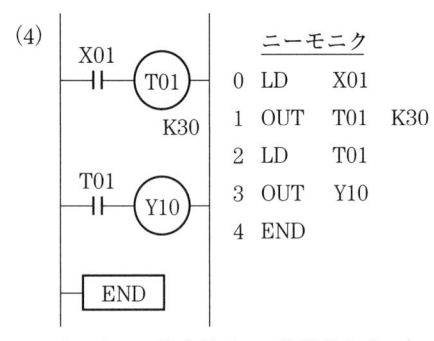

```
     X01   ┌───┐        ニーモニク
    ─┤├───(T01)    0  LD    X01         入力リレー X01が3秒間ONした状態にある
              K30   1  OUT   T01  K30   とT01のa接点が導通状態になるので，コイル
                    2  LD    T01        Y10がONする。
     T01   ┌───┐    3  OUT   Y10        （もし，Y10にモータが接続されているとすれば，
    ─┤├───(Y10)    4  END               X01の入力をONして3秒後にモータは回転を
                                          始める。）
     ┌───┐
     │END│
     └───┘
```

（タイマの設定値は0.1秒単位とする）

(5)

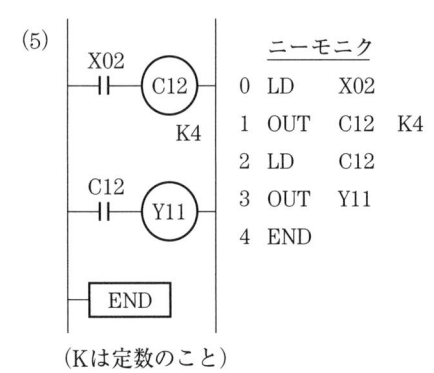

```
     X02   ┌───┐        ニーモニク
    ─┤├───(C12)    0  LD    X02         入力リレーX02が1回ONする毎にC12のカウ
              K4    1  OUT   C12  K4    ンタの値が1くり上がる。カウンタの値が4にな
                    2  LD    C12        るとC12のa接点が閉じるので，Y11がONす
     C12   ┌───┐    3  OUT   Y11        る。
    ─┤├───(Y11)    4  END               （もし，Y11にランプが接続されていればこのと
                                          き点灯する。）
     ┌───┐
     │END│
     └───┘
```

（Kは定数のこと）

1.8 AND回路とOR回路

ラダー図を構成するロジック演算回路としてAND回路とOR回路が重要な役割を果たします。

次の(1)〜(4)にはANDとORによる接続をもつ基本的なラダー図の例とその動作を示します。

(1)

```
       X00   X01
    ├──┤├────┤├──( Y12 )
    │
    ├──[ END ]
```

ニーモニク		
0	LD	X00
1	AND	X01
2	OUT	Y12
3	END	

入力 X00 と X01 の両方に入力があったとき、Y12 番の出力端子が ON する。

(2)

```
       X00   X01
    ├──┤/├────┤/├──( Y12 )
    │
    ├──[ END ]
```

ニーモニク		
0	LDI	X00
1	ANI	X01
2	OUT	Y12
3	END	

入力 X00 か X01 のどちらかに入力があったとき Y12 番の出力端子の出力は OFF する。入力がないときには Y12 の出力は ON したままになっている。

(3)

```
       X02
    ├──┤├──┬──( Y13 )
       X03 │
    ├──┤├──┘
    │
    ├──[ END ]
```

ニーモニク		
0	LD	X02
1	OR	X03
2	OUT	Y13
3	END	

入力 X02 か X03 の少くとも一方に入力があったとき Y13 番の出力端子の出力が ON になる。

(4)

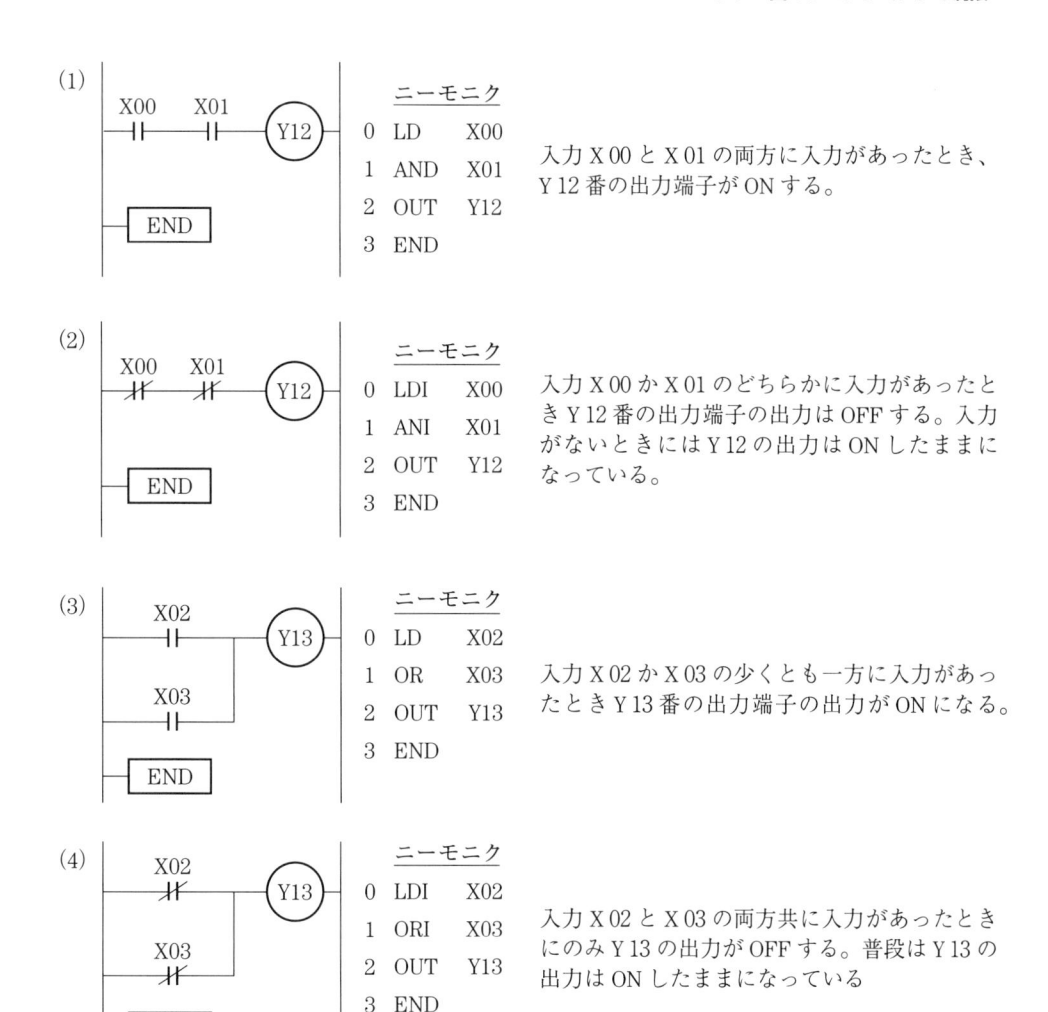

```
       X02
    ├──┤/├──┬──( Y13 )
       X03  │
    ├──┤/├──┘
    │
    ├──[ END ]
```

ニーモニク		
0	LDI	X02
1	ORI	X03
2	OUT	Y13
3	END	

入力 X02 と X03 の両方共に入力があったときにのみ Y13 の出力が OFF する。普段は Y13 の出力は ON したままになっている

1.9　ラダー図のプログラミングの制限

ラダー図のプログラミングをする上でいくつかの制限がありますので主なものをまとめて紹介します。

（1）　プログラムの最後に必ず END を入れる。プログラムを実行するときに END の命令を実行した後にプログラムの先頭に戻るので，END 命令を省略することはできない。

（2）　a 接点 ─┤├─，b 接点 ─┤/├─ は何度でも使用でき，続けていくつでも入れることができる。

第2編　第1章　PLCプログラムの表記方法とプログラミングの基礎

（3） 出力命令はつづけて記述できる。

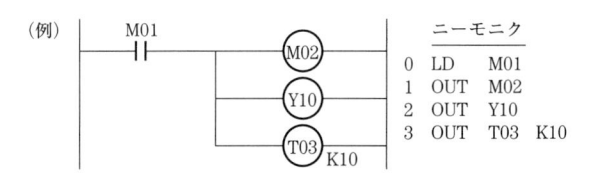

```
（例）        M01          ニーモニク
         ──┤├──┬──(M02)──   0  LD    M01
                │                  1  OUT   M02
                ├──(Y10)──    2  OUT   Y10
                │                  3  OUT   T03  K10
                └──(T03)──
                     K10
```

（4） 出力コイルとして同じ番号のものを重複して使用することはできない。

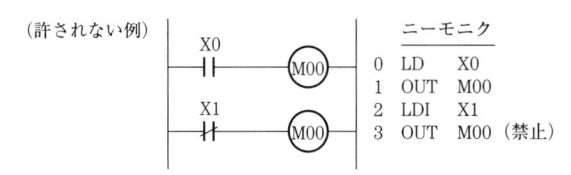

```
（許されない例）              ニーモニク
         X0                   0  LD    X0
     ──┤├──(M00)──        1  OUT   M00
         X1                   2  LDI   X1
     ──┤/├──(M00)──        3  OUT   M00（禁止）
```

（5） 母線から直接出力コイルを接続することはできない。こういう場合は常時ONのリレー接点をつかう。

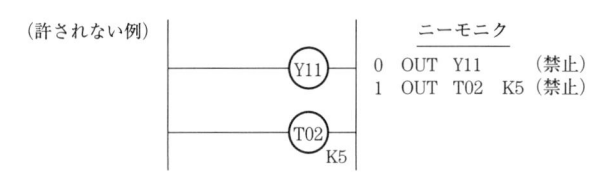

```
（許されない例）              ニーモニク
     ┬──(Y11)──           0  OUT   Y11     （禁止）
     │                         1  OUT   T02  K5 （禁止）
     └──(T02)──
            K5
```

（6） 入力リレーを出力命令のコイルとして使用することはできない。

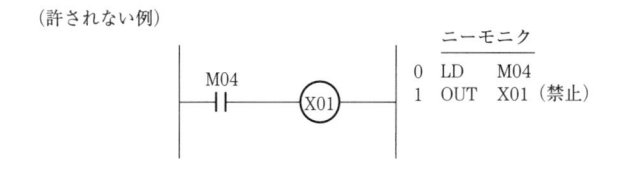

```
（許されない例）              ニーモニク
         M04                  0  LD    M04
     ──┤├──(X01)──        1  OUT   X01（禁止）
```

第1章のまとめと補足

1. PLCのプログラムを実行すると，入力リレーの読込，プログラムの演算，データメモリ書込み，出力リレー書込みなどの一連の処理を行う。その1回の処理を1スキャンと呼び，PLCが実行中にはそのスキャンをくり返し実行する。

2. 入力ユニットや出力ユニットに割り振られるリレー番号はPLCの機種や入出力ユニットを装着した順番や入出力ユニットの機種によって変わってくる。

3. PLCのプログラムの長さはラダー図をニーモニクで表現したときのステップ数で表現される。

4. PLCのプログラムの演算順序はニーモニク表現したときのステップ0からEND命令が書かれているステップまでを順に実行してゆく。END命令を実行すると入出力リレーの読書きやメモリ処理を行ってまたステップ0に戻る。

5. PLCのラダー図を書くときにつかうプログラム用のリレーのシンボルは次の3種類がある。(応用命令は除く)

    ─┤├─　　─┤/├─　　─○─
    a接点　　b接点　　　リレーコイル（またはタイマ，カウンタ）

6. リレーだけを使ったラダー図をニーモニク表現したときに使うニーモニク命令は次の9種類である。

①	回路または分岐のはじまり	LD	（またはSTRなど）
②	①の否定	LDI	（またはLD NOT，STR NOTなど）
③	直列接続	AND	
④	③の不定	ANI	（またはAND NOT）
⑤	並列接続	OR	
⑥	⑤の否定	ORI	（またはOR NOT）
⑦	分岐の終端で直列接続	ANB	（またはAND LD，AND STRなど）
⑧	分岐の終端で並列接続	ORB	（またはOR LD，OR STRなど）
⑨	リレーコイル出力	OUT	（タイマの場合はTIM，カウンタの場合はCNTと表現するものもある）

第2編 第1章 PLCプログラムの表記方法とプログラミングの基礎

●理解度テスト

演習問題［1］

次の①～⑤のラダー図を記述するニーモニク表現として最も適当なものをⓐ～ⓔから選び線で結べ。

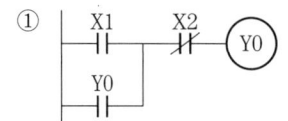

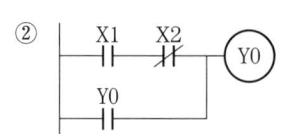

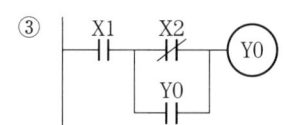

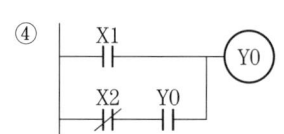

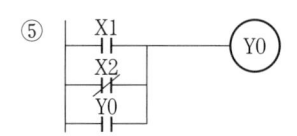

① X1—X2—(Y0) / Y0

ⓐ LD X1
ANI X2
OR Y0
OUT Y0

② X1—X2—(Y0) / Y0

ⓑ LD X1
LDI X2
OR Y0
ANB
OUT Y0

③ X1—X2—(Y0) / X2—Y0

ⓒ LD X1
OR Y0
ANI X2
OUT Y0

④ X1—(Y0) / X2—Y0

ⓓ LD X1
LDI X2
AND Y0
ORB
OUT Y0

⑤ X1—(Y0) / X2/Y0

ⓔ LD X1
LDI X2
OR Y0
ORB
OUT Y0

演習問題［2］

[設問1] 入力リレーX0がONしているときに，PLCに書き込まれた次の(1)～(4)のプログラムを1スキャンだけ実行した。このときのM0，M1の変化を表現していると思われる答えをⓐ～ⓓより選べ。

(1) プログラム1

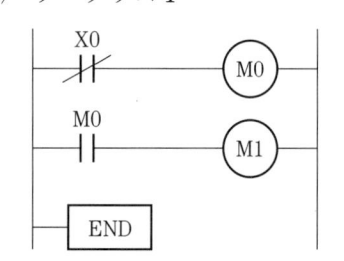

X0—(M0)
M0—(M1)
END

ⓐ M0, M1 共に OFF になる
ⓑ M0 は ON, M1 は OFF になる
ⓒ M0 は OFF, M1 は ON になる
ⓓ M0, M1 共に ON になる

102

(2) プログラム2

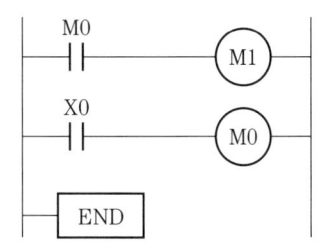

```
  M0
──┤├──────────(M1)──
  X0
──┤├──────────(M0)──
──[END]──
```

(3) プログラム3

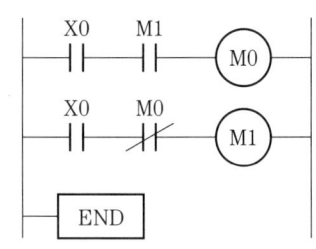

```
  X0   M1
──┤├──┤├──────(M0)──
  X0   M0
──┤├──┤/├─────(M1)──
──[END]──
```

(4) プログラム4

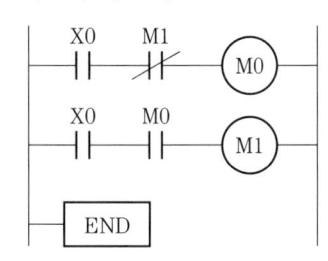

```
  X0   M1
──┤├──┤/├─────(M0)──
  X0   M0
──┤├──┤├──────(M1)──
──[END]──
```

[設問2]　最初のスキャンにつづいて，2スキャン目を実行したあとに，M0，M1はどのように変化するか。(1)～(4)のプログラムについて最も適当と思われる答えを下記のⓐ～ⓔより選べ。設問1と同様に入力リレーX0はONしているものとする。

ⓐ　M0，M1共にOFFになる
ⓑ　M0はON，M1はOFFになる
ⓒ　M0はOFF，M1はONになる
ⓓ　M0，M1共にONになる
ⓔ　どのようになるか定まらない

[解答]
　演習問題［1］
　　①―ⓒ，②―ⓐ，③―ⓑ，④―ⓓ，⑤―ⓔ

　演習問題［2］
　　［設問1］　(1)―ⓐ，(2)―ⓑ，(3)―ⓒ，(4)―ⓓ
　　［設問2］　(1)―ⓐ，(2)―ⓓ，(3)―ⓑ，(4)―ⓐ

第2章

ラダー図による動作とその読み方

> ラダー図で書かれたプログラムをPLCに書き込んで実行したとき，どのような結果になるでしょうか。それをトレースして各リレーの動作を予想することをプログラムを読むといいます。本章では，はじめにラダー図と等価な電気回路図を用いてその動作を解説し，電気回路的にラダー図を読む方法を示します。
> また，PLCの微妙な動作を解析するにはその演算方法を知っておく必要があります。そこで，後半ではPLC内部で実行されている論理演算的手法でラダー図を読む方法を解説します。

2.1 ラダー図を電気回路として読む方法

2.1.1 ラダー図と電気回路

ラダー図で書かれたプログラムは，リレーを使った電気回路と同じ考え方で読み取って動作を解析できます。図2.1の上部にはラダー図のサンプルが描かれています。

もともとPLCのプログラミングに利用されるラダー図は，電磁リレーをいくつも使って作っていた電気回路をプログラムに置き替えられるように工夫されたものですから，ラダー図は電気回路的に読み取ることができます。

電気回路の場合は，母線から常に電力が供給されている完全な並列回路になっていますが，PLCのラダー図を使ったプログラムは前章で述べましたようにプログラムの上から順にくり返し高速で演算してゆく結果，各回路が同時に並列処理されているように振舞っています。したがって，PLCの演算上の遅れ時間はそのスキャンタイムによるものとなります。一方，電気回路の場合はリレーコイルの励磁時間によって接点が切替わるまでの遅れ時間が回路動作に影響することになります。

このような微妙な時間的な遅れの要素を除けば，サンプルのような単純な回路では，PLCプログラムも電気回路も全く同じ動作をすると考えて差し支えありません。

図2.1の下側には，同図上のラダー図と等価な電磁リレーによる電気回路を示します。

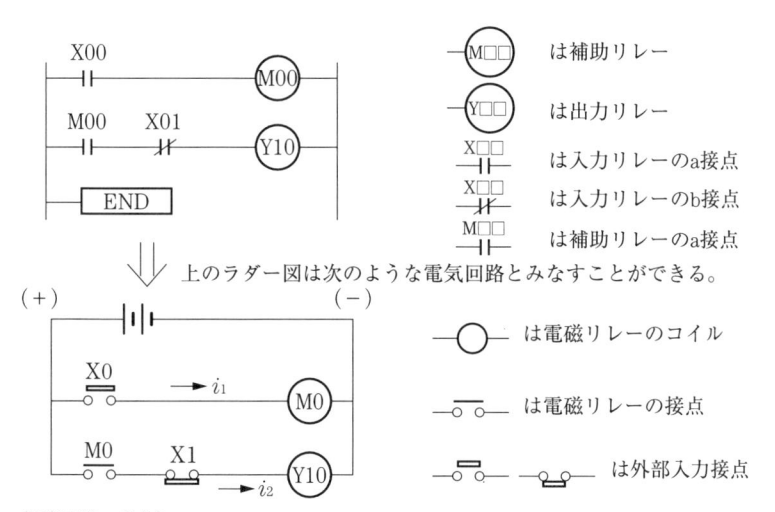

2.1 ラダー図を電気回路として読む方法

―M□□― は補助リレー
―Y□□― は出力リレー
―X□□― は入力リレーのa接点
―X□□― は入力リレーのb接点
―M□□― は補助リレーのa接点

↓ 上のラダー図は次のような電気回路とみなすことができる。

―○― は電磁リレーのコイル
―o o― は電磁リレーの接点
―o―o― は外部入力接点

〔電気回路の動作〕
接点X0が閉じると電流i_1が流れる。i_1によって補助リレーM0が励磁される。補助リレーM0がONしてM0のa接点が閉じると，電流i_2が流れる。i_2によって出力リレーY10が励磁される。

図2.1 ラダー図の動作を電気回路として読む

このようにラダー図を電気回路で置き換えて電気回路的に解析することで，ラダー図のプログラムを実行したときの動作を推測することができます。

すなわち，図2.1のラダー図は図2.2のような簡易形式で描かれた電気回路と考えて，その動作を解析すればよいことになります。

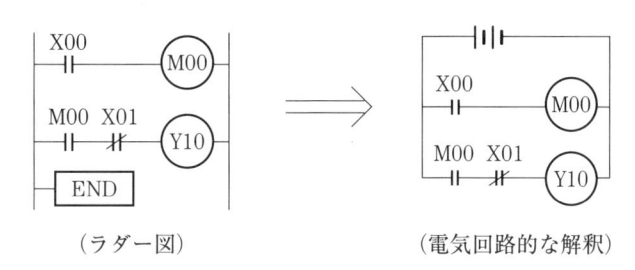

（ラダー図）　　　　　　　　（電気回路的な解釈）

図2.2 ラダー図の電気回路的な解釈

2.1.2 自己保持回路を電気回路として解く

もう1つの例として，図2.3のような自己保持回路と呼ばれるラダー図の動作を電気回路的に解析してみます。

このラダー図を電気回路に置き換えてモデル的に表現したのが図2.4です。(1)は初期状態で，Y10はOFFしていてどの入力接点も操作されていない定常状態にあります。DC電源のプラス電圧がかかっているか電流が流れていることを回路の接続線を黒く塗ることで表現しています。逆に，白ヌキになっている部分は電圧がかかっていないか電流が流れていないことになります。

この初期状態から，入力ユニットのX00端子に接続されているSW$_0$を押したときの動

第 2 編　第 2 章　ラダー図による動作とその読み方

〔ラダー図〕　　　　〔PLC入出力ユニットの配線図〕

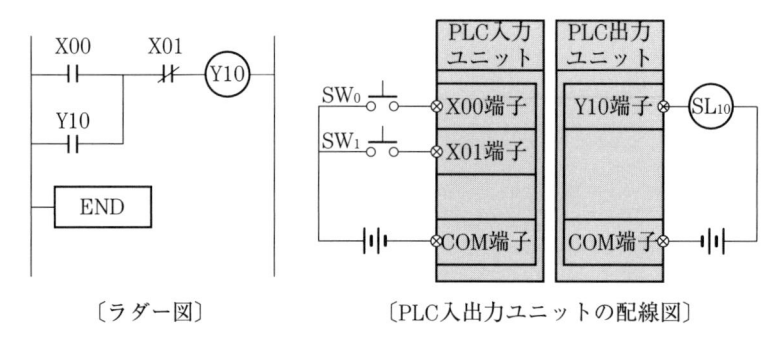

図 2.3　自己保持回路のラダー図

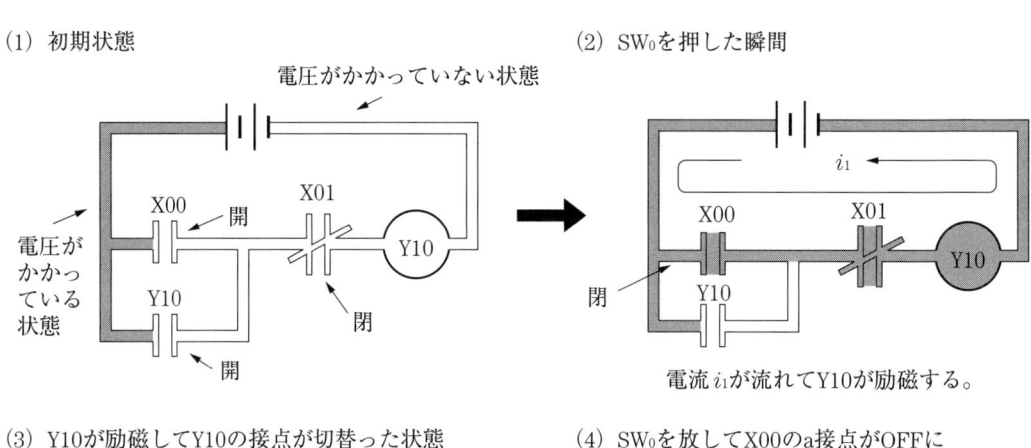

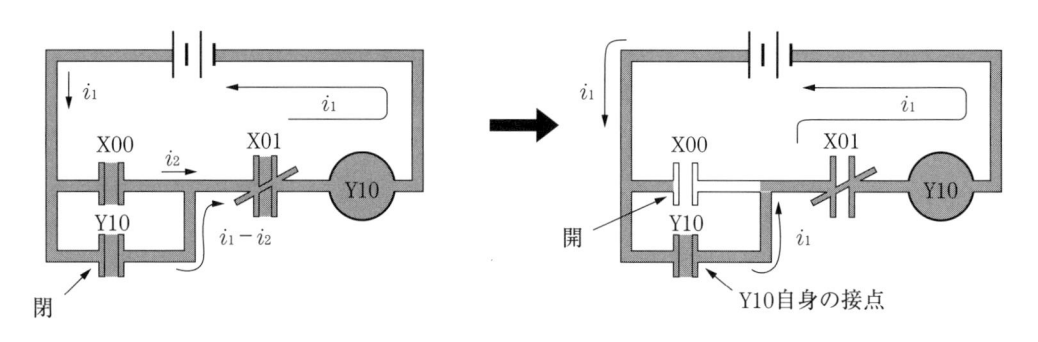

(1) 初期状態
(2) SW₀を押した瞬間
電流 i_1 が流れて Y10 が励磁する。

(3) Y10 が励磁して Y10 の接点が切替った状態
(4) SW₀ を放して X00 の a 接点が OFF になった状態

Y10 の a 接点を通して電流 i_1 が流れるので Y10 は励磁されたままの状態となる。
Y10 は自分の接点をつかって励磁状態を保つので，この状態を自己保持の状態という

図 2.4　自己保持回路の動作

作を順を追ってゆくと (2)→(3)→(4) と変化することがわかります。(4) の状態では，Y10 が自分の接点をつかって Y10 のリレーコイルの励磁状態を保持して安定するので，(4) の状態をもって，Y10 は自己保持しているといい，自己保持になる回路構造を自己保持回路と呼んでいます。(4) のあと，SW₁ が押されると X01 の b 接点が開くので，電流 i_1 が遮断されてコイル Y10 の励磁が切れて Y10 の接点も元に戻るので，(1) の状態に戻ります。こ

のように自己保持しているものを元の状態に戻すことを自己保持の解除と呼んでいます。図2.3の自己保持回路は，次のような動作になります。

　　　　入力X00が一担ONすると，出力リレーY10がONしたままの状態を保持し，入力リレーX01がONするまでその状態をつづけます。

別のことばで言うと，次のように表現できます。

　　　　出力リレーY10は入力X00がONしたときに自己保持となり，X01がONしたときに自己保持が解除されます。

以上のようにラダー図を等価な電気回路に置き替えて，母線にかかっている電圧と回路に流れる電流から，各リレーの動作を解析することができます。

2.1.3　一般的な自己保持回路の構造

自己保持回路の構造は図2.5のようになります。

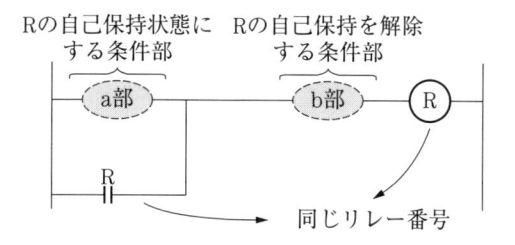

図2.5　自己保持回路の一般的表現

自己保持するリレーをRとして，Rが自己保持となるためには，a部が導通かつb部が導通であるという条件が必要ですが，いったん自己保持状態になるとa部はOFFになってもRの自己保持状態は継続します。

例えば，a部に X1 X2 / X3 という条件を入れてみます。この場合，X1，X2の両方がONするか，X3がONしたときに自己保持状態となります（ただし，b部が導通しているとする）。さらにb部が，M1 X5 となっていると，M1でもX5でも自己保持を解除することができることになります。この様子を図2.6に示します。

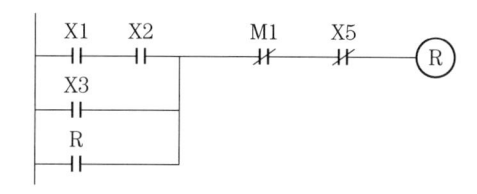

図2.6　Rの自己保持回路の例

2.2　ラダー図を論理演算回路として読む方法

2.2.1　PLC内部の演算処理

第1章でも簡単に説明しましたが，PLCにラダー図を書き込んで実行すると，図2.7のように演算処理されます。各部でのデータ処理の内容を簡単におさらいすると次のようになります。

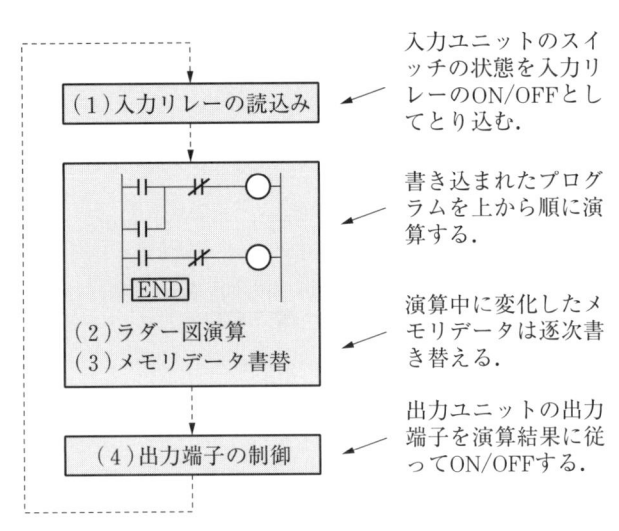

図2.7　PLC内部の処理（リフレッシュ方式の場合）

（1）入力リレーの読み込み

PLC入力ユニットに接続されているスイッチのON/OFFの状態によってPLCの入力リレーの接点がON/OFFします。リフレッシュ方式の場合，スキャンの最初に全ての入力リレーの状態を取り込んで記憶します。この1スキャン内では，ここで記憶した入力リレーデータを使ってプログラムの演算を行います。ただし演算途中で入力リレーデータが変化しても無視されます。入力データは次のスキャンの最初に更新されます。

（2）ラダー図演算

ラダー図の記述に従ってプログラムの上から順に演算を行います。演算途中で更新された内部リレーなどのデータはそのつど書き替えられます。

（3）メモリデータ書替え

演算中に変化したMリレーなどのメモリデータは変化するつど書替えられて，次の演算に使われます。ただし，リフレッシュ方式の場合，出力リレーのデータは演算中に更新されますが，実際の出力端子への出力はこの時点では行われません。

（4）出力端子の制御

リフレッシュ方式の場合，END命令実行後に演算結果に従って出力リレー端子に実際に出力をします。

2.2.2 ラダー図の演算（リフレッシュ方式の場合）

　ラダー図を演算するときの決まりを挙げてみます。ここで言う ON 状態とは電気回路的には通電できる状態にあることを意味します。

演 算 条 件
①　ON している状態を"1"，OFF している状態を"0"で表現するものとします。
②　母線は常に ON 状態なので"1"になります。
③　リレーコイル ON のときにはそのコイルの状態は"1"で，リレーコイルが OFF のときには"0"で表現します。
④　リレーコイルが"1"のときにはそのコイルの a 接点 ─┤├─ は"1"となり，b 接点 ─┤╱├─ は"0"になります。
⑤　リレーコイルが"0"のときにはそのコイルの a 接点 ─┤├─ は"0"となり，b 接点 ─┤╱├─ は"1"となります。
⑥　リレーコイルの直前までの演算結果が"1"のとき，それにつづくリレーコイルは"1"になります。そのリレーコイルが出力リレーであれば，END 命令実行後にその出力端子は ON 状態になります。
⑦　リレーコイルの直前までの演算結果が"0"のとき，それにつづくリレーコイルは"0"になります。そのリレーコイルが出力リレーであれば END 命令実行後にその出力端子は OFF 状態になります。
⑧　入力リレーにはリレーコイルがありません。入力リレーの接点は入力ユニットに接続されている接点の状態によって変化します。接続されている接点が導通になっているとき，入力リレーが ON しているものとして，入力リレーは"1"と表現します。導通状態にないとき，入力リレーは"0"と表現します。入力リレー（X□□）が"1"のとき，入力リレーの a 接点 ─┤X□□├─ は"1"，b 接点 ─┤X□□╱├─ は"0"となります。入力リレー（X□□）が"0"のとき，入力リレーの a 接点 ─┤X□□├─ は"0"，b 接点 ─┤X□□╱├─ は"1"となります。
⑨　入力リレーはラダー図を演算する直前のタイミングで 1 回だけ読み込まれて，演算途中では変化しません。END 命令を実行して，次のスキャンが開始すると同じタイミングで入力リレーの読み込みが行われます。（リフレッシュ方式の場合）
⑩　入力リレーを除くその他のリレーコイルの初期値は"0"とします。
⑪　演算は母線の最も上に接している接点から始まり，リレーコイルで終わる 1 回路ごとに行われます。

⑫	接点が直列に接続されているときは，そのいずれかが"0"ならばその演算結果は"0"になります。直列接続しているものを，AND演算（論理積）しているものと考えてもかまいません。
⑬	接点が並列に接続されているときは，そのいずれかが"1"ならばその演算結果は"1"になります。並列接続しているものをOR演算（論理和）しているものと考えてもかまいません。
⑭	演算途中のリレーコイルの変化はそのつど記憶され，以後の演算に利用されます。
⑮	リレーラダー図の演算をすることは次のように言いかえることができます。 母線から"1"になっているいずれかの接点のみを通過してリレーコイルに到達することができれば，そのリレーコイルは"1"（ON）になります。リレーコイルに到達できなければそのリレーコイルは"0"（OFF）になります。

● **ラダー図演算事例**

①～⑮の演算条件に従って簡単なラダー図の演算を行ってみます。

―【例1】最も簡単な正論理回路の演算 ――――――――

図2.8の回路をラダー図の演算手法で解析してみます。

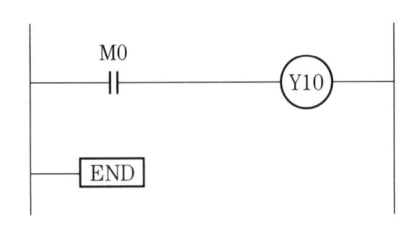

図2.8　回路例1

図2.8の回路では，まず次の部分の演算を行います。

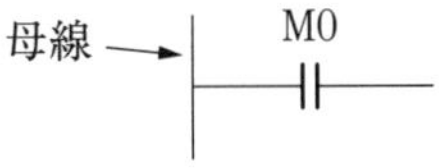

演算条件の②より母線は"1"で，⑤, ⑩よりM0のコイルは"0"ですから 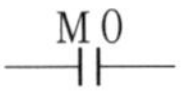 ─┤├─ は"0"です。したがって，⑫, ⑦より Y10 は"0"となります。

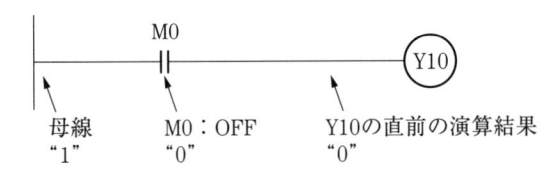

2.2 ラダー図を論理演算回路として読む方法

─ 【例2】簡単な負論理回路の演算 ─

図2.9の回路を同じ方法で解析してみます。

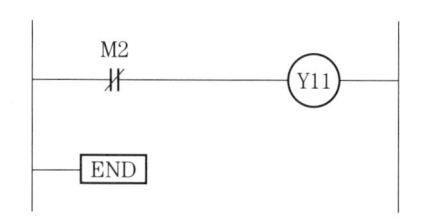

図2.9　回路例2

演算条件の②より母線は"1"で⑩，⑤より図2.9の ─|/|─ は"1"です。母線と ─|/|─ は直列接続ですから，⑫より，Y11 の直前の演算結果は"1"となります。

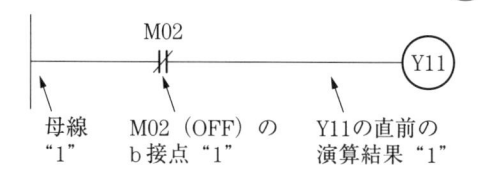

　　　　　M02
　───|/|────────(Y11)
　↑　　↑　　　　　　↑
　母線　M02（OFF）の　Y11の直前の
　"1"　b接点"1"　　　演算結果"1"

したがって，⑥より Y11 は"1"となります。

別の見方をすると，母線から"1"になっているM02のb接点を通過してY11のコイルに達しているのでコイルY11はONになるということです（⑮）。

─ 【例3】2つの関連する回路があるラダー図の演算 ─

図2.10のような2つの回路をもつラダー図の演算的解析手法を説明します。

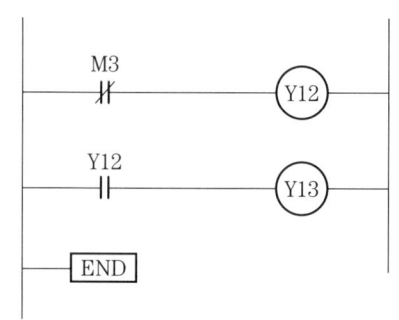

図2.10　回路例3

（1）1番目の回路の演算

演算条件②より母線は"1"で，⑩，⑤より図2.10の ─|/|─ は"1"です。Y12 の直前の演算結果は"1"になりますから，Y12 は"1"になります。

（2）2番目の回路の演算

⑭より，（1）で行った演算の結果はすぐ次の演算に反映されることを考慮して，次の回路の演算を行います。

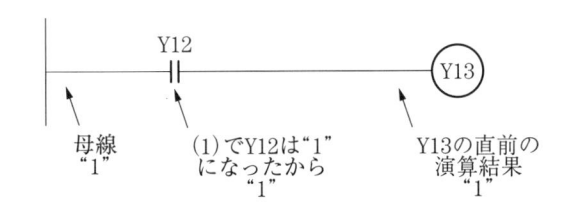

```
     |     Y12
     |─────┤ ├──────────────( Y13 )
     ↑      ↑                  ↑
    母線  (1)でY12は"1"      Y13の直前の
    "1"   になったから         演算結果
           "1"                  "1"
```

すると，上図のように，(Y13)は"1"となります。⑥にあるように，END命令実行後，Y12とY13の出力端子はON状態になります。

【例4】入力が変化したときの演算

図2.11のように入力端子X00に接続されています。接点が導通状態にあるときの演算をしてみます。

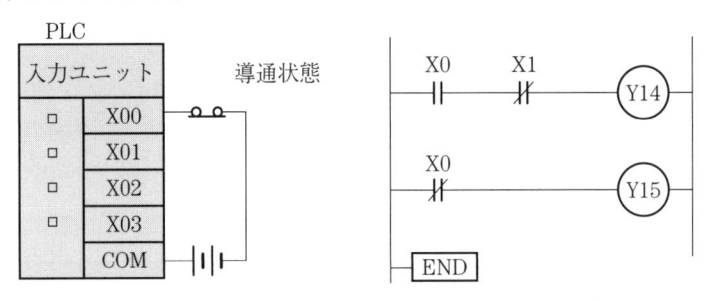

```
PLC
┌─────────┐                    X0    X1
│入力ユニット│  導通状態         ─┤├───┤/├───( Y14 )
│ □  X00  │───○ ○──┐
│ □  X01  │          │          X0
│ □  X02  │          │        ─┤/├──────────( Y15 )
│ □  X03  │          │
│    COM  │──┤├──────┘          ─[ END ]
└─────────┘
```

図2.11　回路例4

（1）1番目の回路

演算条件⑧よりX0の入力リレーはONしているものとして扱えるので ─┤├─ (X0) は"1"となります。また，X1の入力リレーはOFFしているものとして扱えるので ─┤/├─ (X1) は"1"となります。

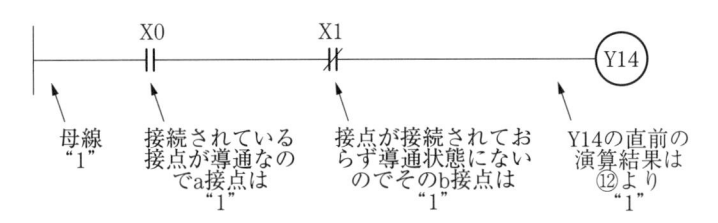

```
     |    X0      X1
     |───┤├─────┤/├──────────( Y14 )
     ↑    ↑       ↑              ↑
    母線 接続されている 接点が接続されてお  Y14の直前の
    "1"  接点が導通なの らず導通状態にない  演算結果は
         でa接点は     のでそのb接点は    ⑫より
         "1"           "1"              "1"
```

（2）2番目の回路

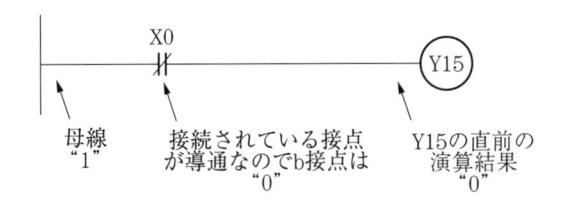

⑧よりX0の入力リレーはONしているものとして扱えるので ─┤/├─ (X0) は"0"となります。

```
     |    X0
     |───┤/├──────────────( Y15 )
     ↑    ↑                    ↑
    母線 接続されている接点     Y15の直前の
    "1"  が導通なのでb接点は    演算結果
         "0"                   "0"
```

したがって，演算条件⑥，⑦より，END 命令実行後，出力ユニットの Y14 出力端子は ON，Y15 出力端子は OFF となります。

【例5】複雑なラダー図の演算

図 2.12 のラダー図を演算します。PLC 内部で行われている演算の動作イメージを図 2.13 に示しました。図 2.13 では入力端子の状態が（1）のようになっているものと仮定したときの演算結果を表わしています。

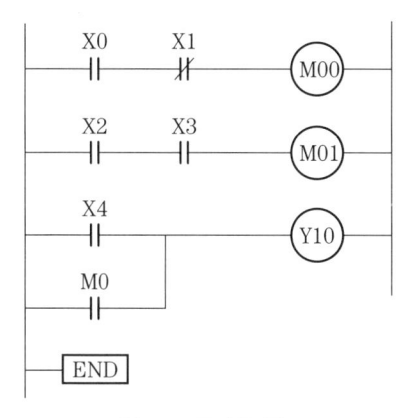

```
     X0    X1
    ─┤├──┤/├──(M00)─

     X2    X3
    ─┤├──┤├───(M01)─

     X4
    ─┤├───────(Y10)─
     │
     M0
    ─┤├─

    ─[END]─
```

図 2.12 回路図例 5

参考に AND と OR の演算のための真理値表を示します。

AND 演算（論理積）

p	q	p AND q
0	0	0
0	1	0
1	0	0
1	1	1

OR 演算（論理和）

p	q	p OR q
0	0	0
0	1	1
1	0	1
1	1	1

第2編 第2章 ラダー図による動作とその読み方

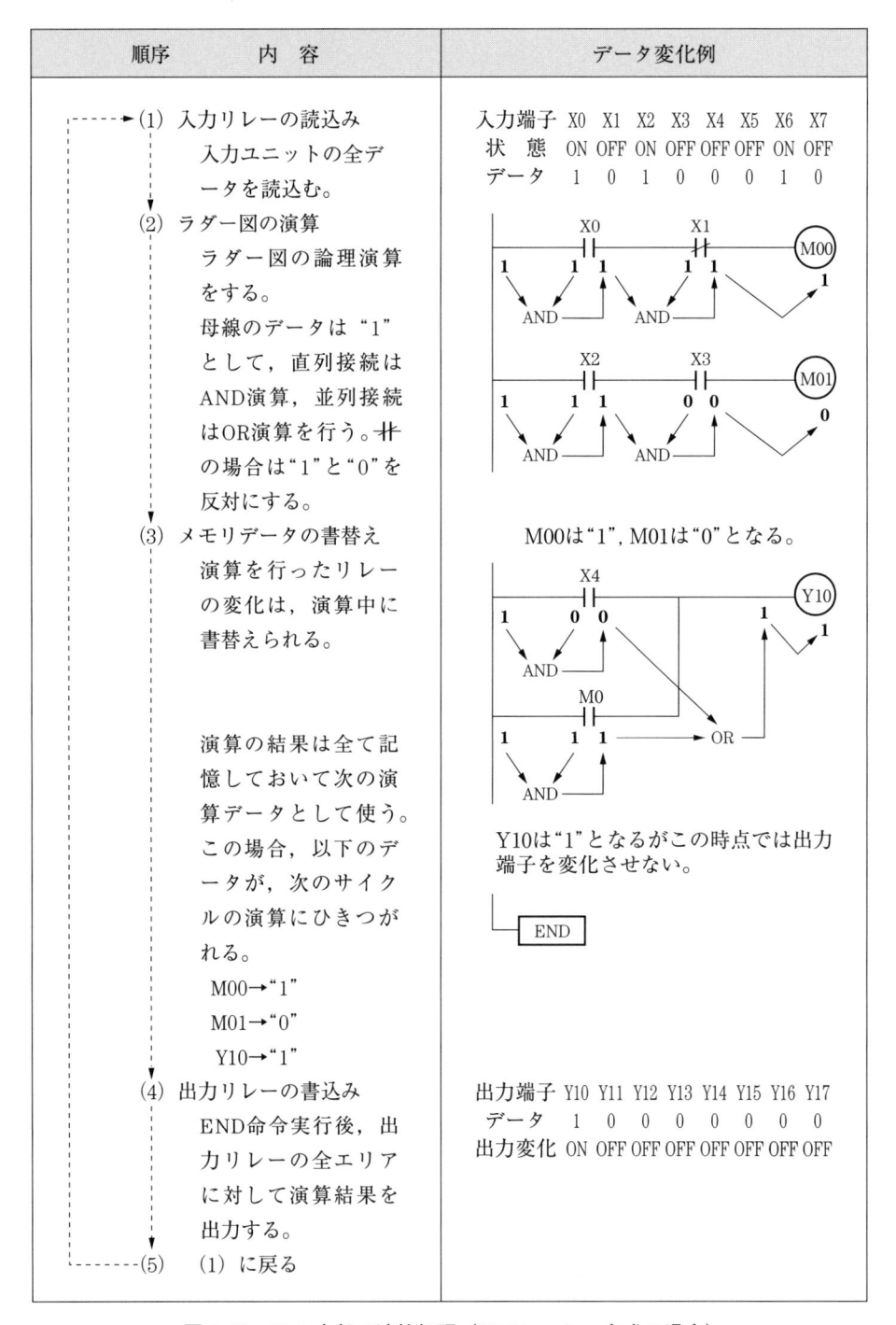

順序　　内　容	データ変化例
(1) 入力リレーの読込み 　　入力ユニットの全データを読込む。	入力端子　X0　X1　X2　X3　X4　X5　X6　X7 状　態　ON　OFF ON OFF OFF OFF ON OFF データ　　1　0　1　0　0　0　1　0
(2) ラダー図の演算 　　ラダー図の論理演算をする。 　　母線のデータは"1"として，直列接続はAND演算，並列接続はOR演算を行う。⊣⊦の場合は"1"と"0"を反対にする。	（X0—X1→M00=1 のラダー演算図） （X2—X3→M01=0 のラダー演算図） M00は"1"，M01は"0"となる。
(3) メモリデータの書替え 　　演算を行ったリレーの変化は，演算中に書替えられる。 　　演算の結果は全て記憶しておいて次の演算データとして使う。この場合，以下のデータが，次のサイクルの演算にひきつがれる。 　　M00→"1" 　　M01→"0" 　　Y10→"1"	（X4とM0のOR演算でY10=1 となるラダー図） Y10は"1"となるがこの時点では出力端子を変化させない。 　END
(4) 出力リレーの書込み 　　END命令実行後，出力リレーの全エリアに対して演算結果を出力する。	出力端子　Y10 Y11 Y12 Y13 Y14 Y15 Y16 Y17 データ　　1　0　0　0　0　0　0　0 出力変化　ON OFF OFF OFF OFF OFF OFF OFF
(5) (1) に戻る	

図2.13　PLC内部の演算処理（リフレッシュ方式の場合）

2.2 ラダー図を論理演算回路として読む方法

2.2.3 自己保持回路を演算で解く

図2.14のような自己保持回路を例にとって、演算の結果どういう動作が得られるか確認してみましょう。

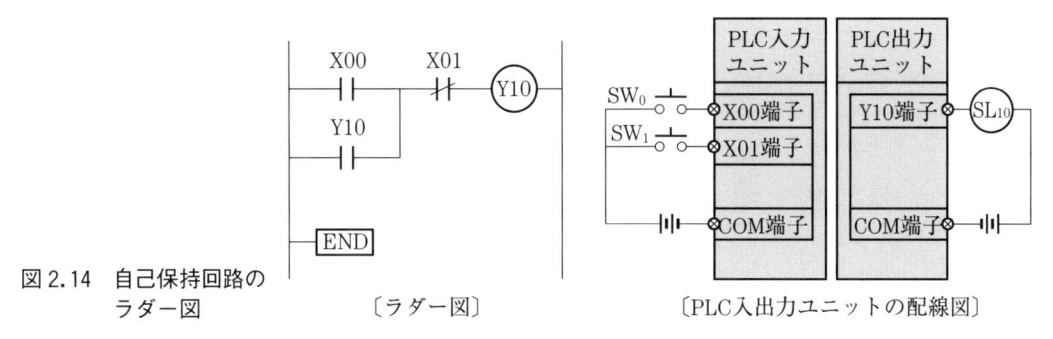

図2.14 自己保持回路のラダー図

〔ラダー図〕　〔PLC入出力ユニットの配線図〕

（1） 初期状態の演算

- 初期状態の各リレーデータ

SW_0：OFF→X00："0"

SW_1：OFF→X01："0"

初期状態→Y10："0"

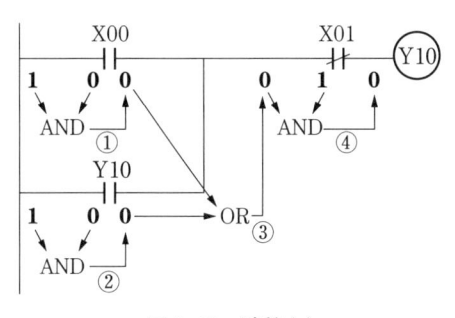

演算順序	演算内容
①	1 AND 0 → 0 母線　　X00　　結果①
②	1 AND 0 → 0 母線　　Y10　　結果②
③	0 OR 0 → 0 結果①　結果②　結果③
④	0 AND 1 → 0 結果③　$\overline{X01}$　結果④
出力変化	Y10 → OFF "0"

図2.15 演算(1)

（2） SW_0を押した瞬間の演算

- 演算前の各リレーデータ

SW_0：ON→X00："1"

SW_1：OFF→X01："0"

前回の演算結果→Y10："0"

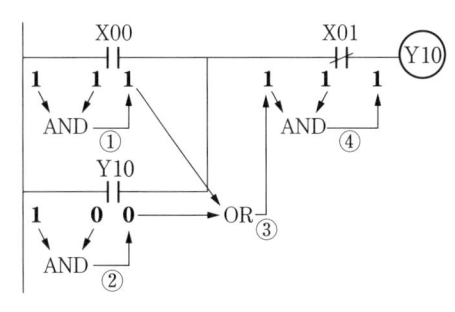

演算順序	演算内容
①	1 AND 1 → 1 母線　　X00　　結果①
②	1 AND 0 → 0 母線　　Y10　　結果②
③	1 OR 0 → 1 結果①　結果②　結果③
④	1 AND 1 → 1 結果③　$\overline{X01}$　結果④
出力変化	Y10 → ON "1"

図2.16 演算(2)

(3) (2)につづく後のスキャンで，SW_0 が OFF したときの演算

- 演算前の各リレーデータ

    SW_0：OFF→X 00："0"

    SW_1：OFF→X 01："0"

    前回の演算結果→Y 10："1"

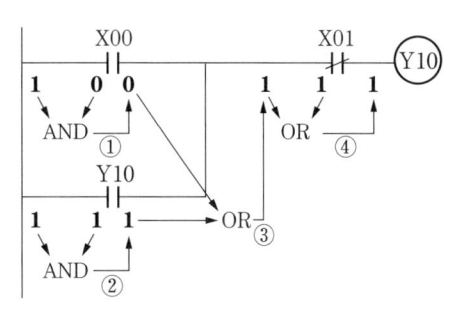

図 2.17 演算(3)

演算順序	演算内容
①	1 AND 0 → 0 母線　　X 00　　結果①
②	1 AND 1 → 1 母線　　Y 10　　結果②
③	0 OR 1 → 1 結果①　結果②　結果③
④	1 AND 1 → 1 結果③　$\overline{X01}$　結果④
出力変化	Y 10 → ON　"1"

(4) Y 10 が ON しているときに SW_1 を押したときの演算

- 演算前の各リレーデータ

    SW_0：OFF→X 00："0"

    SW_1：ON→X 01："1"

    前回の演算結果→Y 10："1"

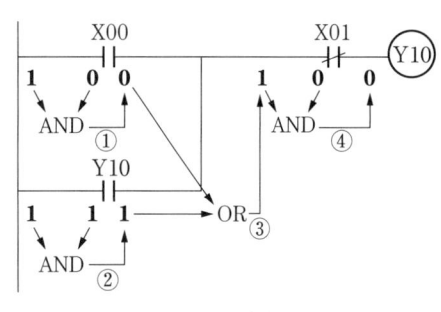

図 2.18 演算(4)

演算順序	演算内容
①	1 AND 0 → 0 母線　　X 00　　結果①
②	1 AND 1 → 1 母線　　Y 10　　結果②
③	0 OR 1 → 1 結果①　結果②　結果③
④	1 AND 0 → 0 結果③　$\overline{X01}$　結果④
出力変化	Y 10 → OFF　"0"

演算結果は上記（1）〜（4）のようになり，SW_0 を押すと Y 10 が ON して，Y 10 は自己保持状態になり，SW_1 を押すと Y 10 が OFF するように制御されることがわかります。

第2章のまとめと補足

1. ラダー図は電気回路として読む方法と論理演算回路として読む2つの読み方がある。論理演算回路として読む方がPLC本来の動作と一致していてより詳細な解読ができる。

2. 電気回路的にラダー図を解析するときには，右側の母線にプラスの電圧がかかるラインとして，その反対側の左側のラインがマイナスになっているものとして，リレー回路と同じように解読する。

3. 論理演算的にラダー図を解析するときは，母線を"1"，接点が開いている状態を"0"，接点が閉じている状態を"1"として，直列接続をANDで，並列接続をORで演算して各回路ごとに演算結果を出し，その結果に基いて，回路終端のリレーコイルの状態を"1"か"0"に変化させる。

4. リフレッシュ方式の場合のPLCの内部の処理は次のようになる。（1）から（4）まで順に実行し，（4）の次は（1）に戻る。

    (1) 入力リレーの状態を記憶する
    (2) ラダー図の演算をする
    (3) メモリデータ書替（演算中）
    (4) END命令実行後　出力端子の制御を行う

    （1）～（4）までを1回実行することを1スキャンという。

●理解度テスト

演習問題 [1]

図1のような入出力ユニットの接続をもつPLCがある。このシステムに各設問にあるラダー図をプログラミングして実行した。このとき次の各設問に答えよ。

Pb_0, Pb_1, Pb_2：a接点押ボタンスイッチ
Pb_3：b接点押ボタンスイッチ
Lp_{10}, Lp_{11}：表示灯
Sol_{12}：ソレノイド
Mtr_{13}：DCモータ

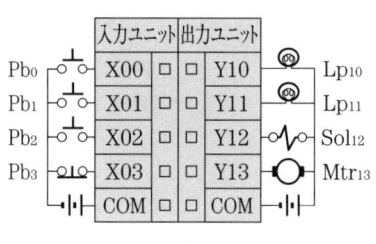

図1

[設問1] ラダー図Aをプログラミングした。

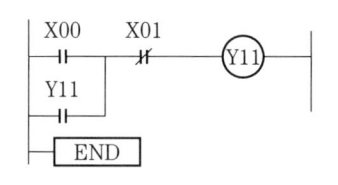

（1） ラダー図Aを実行して，Pb_0を押してしばらくしてPb_0を放した。このときどのような変化が現われるか次の中から最も適当なものを選べ。

 (a) Lp_{10}が点灯したままになる
 (b) Lp_{11}が点灯したままになる
 (c) Lp_{11}が点灯してしばらくして消灯する
 (d) 何も変化しない。

（2） （1）の操作を実行したあとPb_1を押して，しばらくして放した。このときどのような変化が現われるか。

 (a) Lp_{10}が消灯したままになる
 (b) Lp_{11}が消灯したままになる
 (c) Lp_{11}が消灯して，しばらくして点灯する
 (d) （1）の状態から変化しない。

ラダー図A

[設問2] ラダー図Bをプログラミングした。

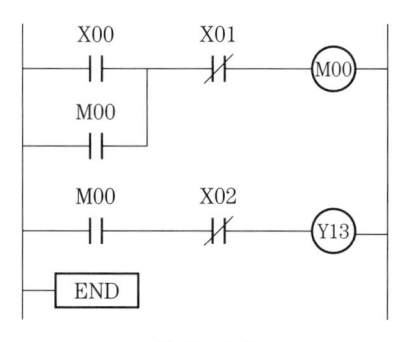

（1） ラダー図Bを実行して，まずPb_0を押してしばらくして放した。このときに起こる変化として適当なものを選べ。

 (a) DCモータが回転する
 (b) DCモータが回転してしばらくして停止する
 (c) ソレノイドが働らく
 (d) 何も変化しない

（2） （1）の状態でPb_2を押してしばらくして放した。このときに起こる変化として適当なものを選べ。

ラダー図B

(a) 回転していたDCモータは停止したままになる
(b) 回転していたDCモータが停止し，しばらくしてまた回転する
(c) 停止していたDCモータが回転して，しばらくして停止する
(d) 停止していたDCモータが回転したままになる。

（3）（2）の操作を完了してからPb_1を押してしばらくしてから放した。このときに起こる変化として適当なものはどれか。

(a) 回転していたモータが停止したままになる。
(b) 回転していたモータは停止するがPb_3を押すと回転できる。
(c) 回転していたモータは停止するが，Pb_2を押すとまた回転する。
(d) 停止していたモータが回転したままになる。

[解答]
演習問題［1］
［設問1］ (1)—(b), (2)—(b)　　［設問2］ (1)—(a), (2)—(b), (3)—(a)

●PLCで制御された機械システム（MM 3000 シリーズより）

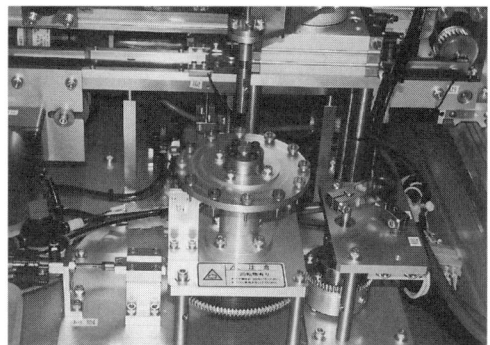

第3編

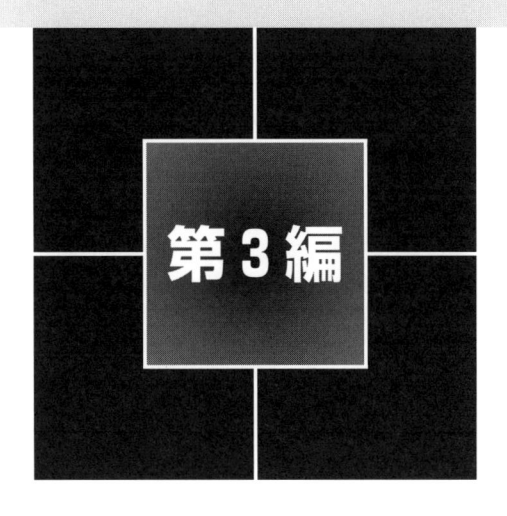

ラダー図の作成テクニック

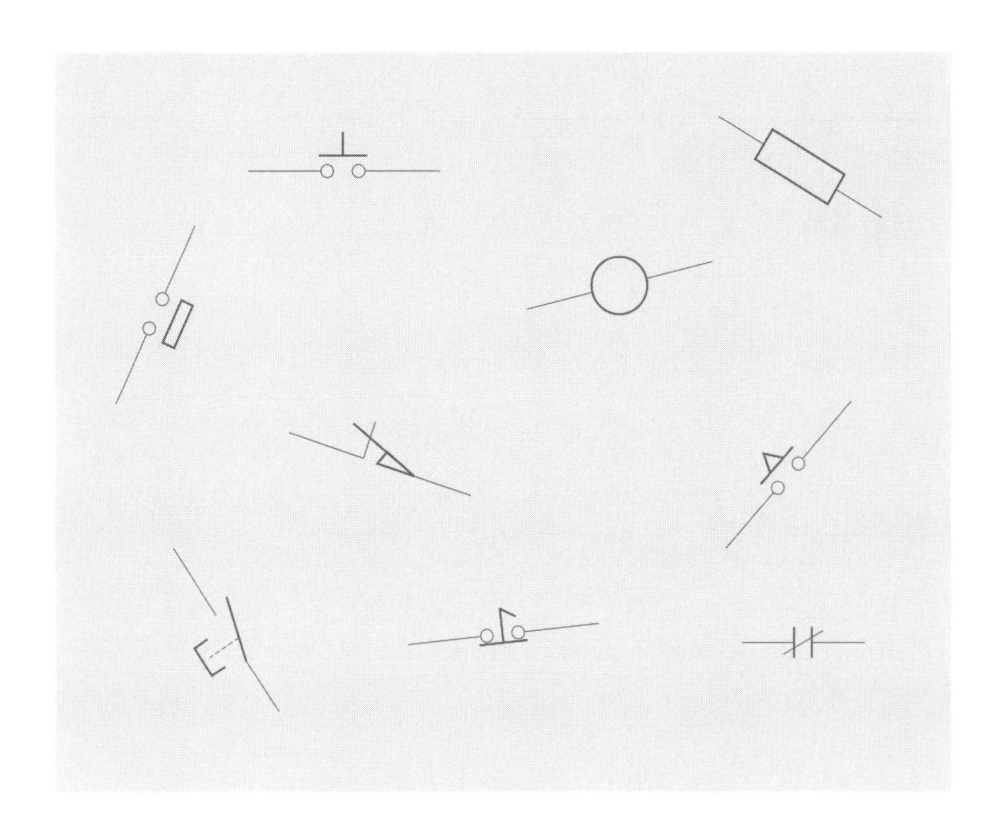

第1章
ラダー図のための5種類の プログラミング手法

> ラダー図を使ったプログラムの作り方はさまざまで，同じ動作をするプログラムでも必ずしも同じラダー図になっているとは限りません。しかしながら，正しく動作するプログラムには随所に共通するプログラム構造が使われていることが多く見うけられます。そのような典型的な手法を応用してプログラミングをすることはプログラム作成の早道であると言えます。
> 　本章では，ラダー図を効率よく作るために分類した，5種類のプログラミングの手法について紹介します。

1.1　5種類のプログラミング手法

　ここでは5種類のプログラミング方法についてそのつくり方をひとつの制御対象モデルを例にして解説します。

　ここで言う5種類のプログラミングの手法とは次の5つです。

1. タイムチャートによる手法
2. タイミングテーブルによる手法
3. フローチャートと出力のセット，リセットによる手法
4. 行程歩進による手法
5. 状態遷移図による手法

制御対象モデル

　それぞれのプログラミング方法のちがいやでき上がったラダー図を比較することができるように次のような1つの制御対象モデルを用意して，各々の方法でプログラミングした具体例を示します。

〔システム構成〕
　図1.1のようにモータとボールネジで構成された機構を想定します。モータが正転するとボールネジの移動ブロックが右方向に移動し，逆転すると左方向に移動します。右端，

左端にはそれぞれ1つづつリミットスイッチがついています。

このシステムの場合，PLC側から制御できるのは出力リレーY10とY11の2点だけで，監視する必要があるのは入力リレーX00，X01，X02，X03の4点だけです。したがって，その4点の入力の状態によってどういうタイミングで出力の2点のON・OFFを行うかということを，プログラムで表現すればよいことになります。

〔制御する動作順序〕

動作はスタートスイッチによって起動して，リミットスイッチ間を一往復する運転とします。図1.1の左端位置からスタートした移動ブロックが，右端へ移動し，時間待ちをして元に戻る制御を行うものとします。具体的な動作順序は次の通りです。

1. スタートスイッチ（X00）を押す。
2. リバーシブルモータを正転し，ブロックを右方向に移動する（Y10をONする）。
3. 右端リミットスイッチ（X03）がONしたら停止する。
4. タイマーによって停止時間をカウントしてから逆転し，ブロックを左方向に移動する（Y11をONする）。
5. 左端リミットスイッチ（X02）がONしたところで停止する（Y11をOFFにする）。

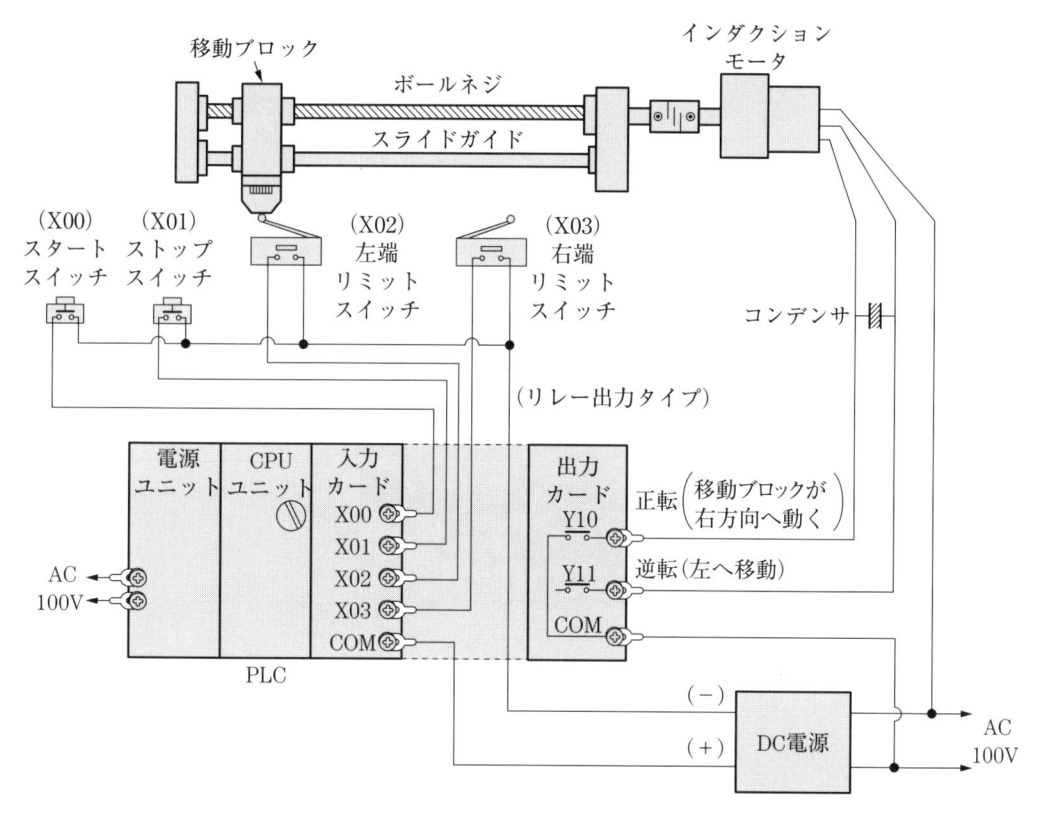

図1.1　制御対象のシステム構成図

〔PLCの入出力と制御の関係〕

システム構成図の中には機構や電源ラインなどがいりくんでいますが，PLCに接続されている入出力機器だけに着目すると以下のようになっています。

入力名称	入力端子
スタート	X 00
ストップ	X 01
左端 LS	X 02
右端 LS	X 03

出力名称	出力端子
右移動	Y 10
左移動	Y 11

〔実験に使用したモデル〕

実験には**写真1.1**のメカトロニクス技術実習システムMM 3000シリーズを使いました。

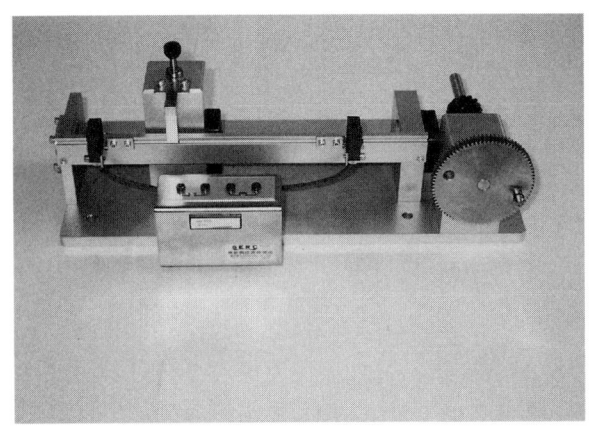

(a) ボールネジ

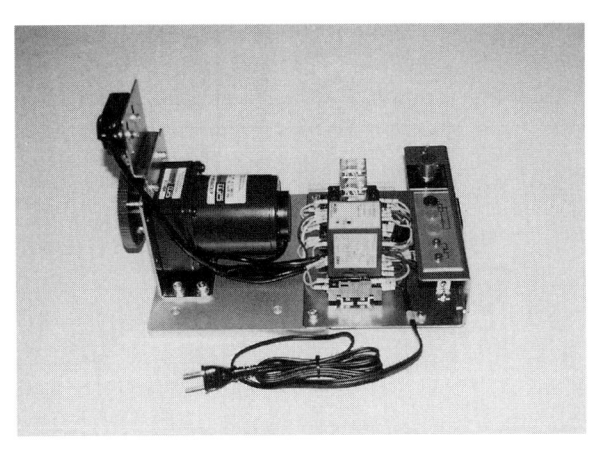

(b) インダクションモータ

写真1.1　実験システム構成モデル（MM 3000シリーズ）

ラダー図作成手法1 「タイムチャートによる手法」

図1.2には，このモデルの動作順序をタイムチャートで示してあります。

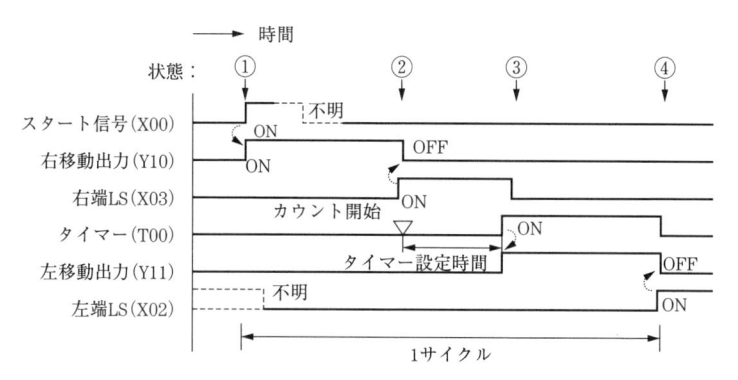

```
             →時間
   状態：  ①        ②      ③      ④
                    ↓      ↓      ↓
                   ┌─不明─
スタート信号(X00)  │ON
                  ↓
右移動出力(Y10)    ┌────────┐
                   ON       OFF
右端LS(X03)                ┌────────────
                  カウント開始 ON
タイマー(T00)              ▽      ┌─────
                          タイマー設定時間 ON
左移動出力(Y11)                   ┌────┐
                                          OFF
左端LS(X02)      ┌─不明─              ┌─
                                          ON
                  ←─────1サイクル─────→
```

番号をつけた時点の状態と制御内容
①スタート信号　X00＝ON
　スタートスイッチが押されて入力リレーX00がONになった瞬間。（その直後にY10をONする。）
②右端LS　X03＝ON
　移動ブロックが右に移動して行って右端のLSをたたいた瞬間。
　（その直後にY10をOFFにしてタイマーT00のカウントを開始する。）
③タイマーリレー　T00＝ON
　タイマーT00のコイルが励磁した瞬間。（その直後にY11をONする。）
④左端LS　X02＝ON
　移動ブロックが左に移動してきて左端のLSをたたいた瞬間。（その直後にY11をOFFにする。）
1サイクル終了

図1.2　ボールネジ往復運転のタイムチャート

これを見ると，入力と出力の因果関係がはっきりわかります。すなわち，出力リレーY10とY11およびタイマーT00に着目します。Y00をONする条件はX00がONになったときであり，OFFする条件はX03がONになったときです。またT00はX03がONしたときにカウントを始めて，X02がONにしたときにT00はOFFにします。Y11はタイマT00の接点がONしたときにONとなり，X02がONしたときにOFFにします。この条件をまとめて表にすると次のようになります。

	〔　〕内のリレーをONする条件	〔　〕内のリレーをOFFする条件
〔Y10〕	X00　ON	X03　ON
〔T00〕	X03　ON (タイマーカウント開始)	X02　ON
〔Y11〕	T00　ON	X02　ON

上の条件をプログラムにするためにまず，タイムチャートの①に記載されているY10について見ますと，Y10はX00で起動して，そのままの状態を保持しておく回路としなければなりません。そしてX03が入るとこの回路をOFFするので，結果的に次のような回路が考えられます。

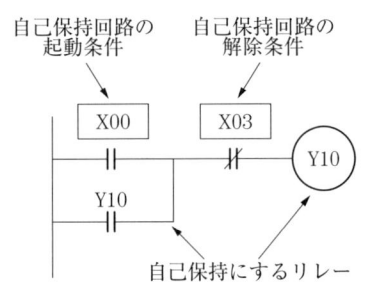

```
         自己保持回路の      自己保持回路の
           起動条件          解除条件
              ↓              ↓
            ┌────┐        ┌────┐
            │X00 │        │X03 │
            ─┤├──────────┬─┤/├──────(Y10)
            ┌────┐      │
            │Y10 │      │
            ─┤├─────────┘
                    ↑
              自己保持にするリレー
```

　この回路の形はラダーシーケンスをつくる上でもっとも重要なものの1つで，出力リレーの接点を使ってその出力リレーの状態をONしたままに保っておくので，自己保持回路と呼ばれています。

　さらに，タイマT00及び左移動用出力リレーY11についても同様に考えます。タイムチャートの②の点でタイマーのカウントを開始しますから，X03がタイマーの開始条件になります。そして④の点でタイマーがOFFすることになりますからタイマーの自己保持の解除条件はX02となります。

　Y11については，③の点，すなわち，タイマーのa接点がONした時点で自己保持回路を起動（ON）して，④の点，すなわち，X02がONした時点で自己保持を解除すればよいことになります。以上をまとめてラダー図にすると次のようになります。

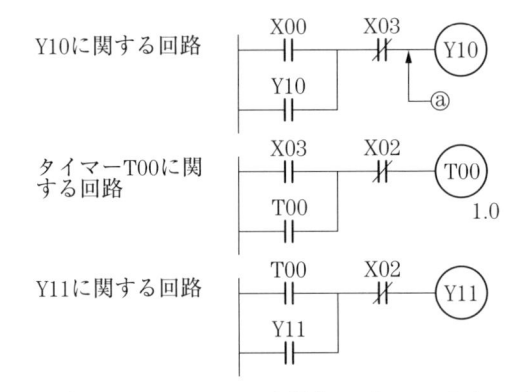

```
                       X00    X03
Y10に関する回路     ─┤├──┬─┤/├──(Y10)
                       Y10  │         ↑
                      ─┤├──┘         ⓐ

                        X03    X02
タイマーT00に関       ─┤├──┬─┤/├──(T00)
する回路               T00  │           1.0
                      ─┤├──┘

                        T00    X02
Y11に関する回路     ─┤├──┬─┤/├──(Y11)
                       Y11  │
                      ─┤├──┘
```

　さて，この回路の評価ですが，これで正しく運転できるのかということになると一部不安な材料があります。タイムチャートではスタート信号X00は前進出力が始まってすぐにOFF状態となり，そのサイクル内で再びONすることがないように描かれていますが，これが，たとえばタイムチャートの③と④の間で作業者がスイッチに触れてX00がONしたと仮定すると，再度Y10が自己保持となり，逆転中である（Y10がONである）にもかかわらず正転用の出力も出てしまう（Y11がONになる）ことになります。こういう場合には逆転の出力中は正転出力が出ないように図のⓐ部に ─┤/├ Y11 という接点を直列に挿入しておくべきです。

　このように複数の出力が同時にONしてしまうことを回避するような接点の使い方をインターロックと呼んでいます。

ラダー図作成手法2 「タイミングテーブルによる手法」

　この方法は制御につかう全てのリレーの状態を1つのテーブル上に表のように書き並べて，リレーのON/OFFの変化の条件に出力リレーの変化を対応させてプログラミングする方法です。

　ここで使うリレーの状態を表現する表をタイミングテーブルと呼びます。タイミングテーブルの列に〔2〕，〔3〕のようにリレー番号をとり，行の上の①から順に時系列的に各リレーの状態の遷移を記入します。

　図1.1の制御対象の状態をタイミングテーブルに記述したのが図1.3です。

〔1〕時系列	〔2〕リレーの状態（出力を変化させる条件）							〔3〕変化させる出力		
	X00	X01	X02	X03	Y10	Y11	T00	Y10	Y11	T00
①	ON	＊	＊	＊	OFF	OFF	OFF	→ セット	−	−
②	＊	＊	OFF	ON	ON	OFF	OFF	→ リセット	−	−
③	＊	＊	OFF	ON	OFF	OFF	OFF	→ −	−	カウント開始
④	＊	＊	＊	＊	OFF	OFF	ON	→ −	セット	リセット
⑤	＊	＊	ON	OFF	OFF	ON	OFF	→ −	リセット	−

"ON"＝a接点が閉じた状態またはリレーコイルが動作している状態
"OFF"＝a接点が開いた状態またはリレーコイルがオフしている状態
"＊"＝ON/OFFのどちらか不明またはどちらでもよい状態
"セット"＝リレーをオンしてその状態を保持する
"リセット"＝セットしたリレーをオフ状態に戻す
"−"＝出力を変化しない

図1.3　タイミングテーブル

　このタイミングテーブルをつかってプログラムを作成してみましょう。

　このテーブルは，システムに使われているリレーのON/OFFの状態が〔2〕に表示されている状態と同じになったときに〔3〕のように出力を変化させる制御を行うことを表わしています。

　〔2〕のリレーの状態の中で"ON"となっているものは ─┤├─ の接点，"OFF"となっているものは ─┤/├─ の接点として，プログラムします。"＊"となっているものはどちらでもよいのでラダー図に反映する必要はありません。

　変化させた出力は，そのままの状態を保持していなくてはならないので，PLCのSET（セット）/RST（リセット）命令をつかうと便利です。

　この命令は，電磁リレーで言うと，キープリレーを使ったものと同じような効果があり，SET命令で一担リレーコイルをONするとRES命令でリレーコイルをリセットするまで励磁した状態を保ちます。*

＊PLCの種類によっては出力リレーをSET命令で保持することができず，キープ（KEEP）リレーをつかわなければならないことがある。キープリレーの使い方は後述する。

第3編　第1章　ラダー図のための5種類のプログラミング手法

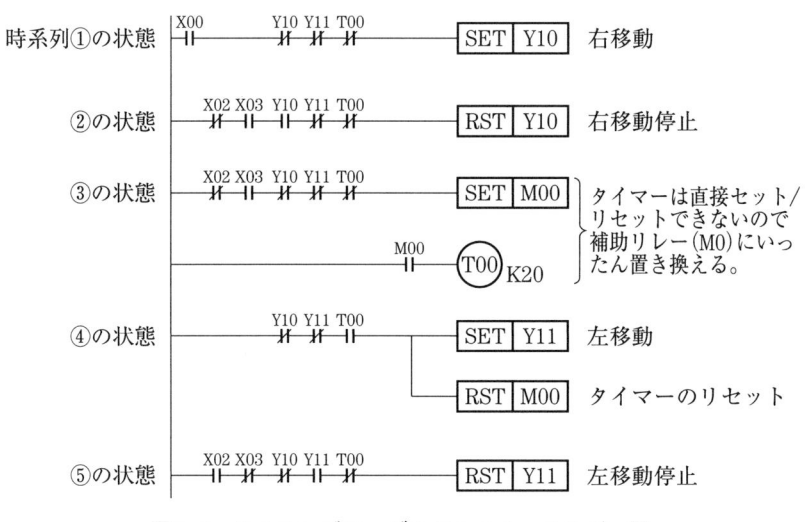

```
時系列①の状態 ─X00─Y10─Y11─T00──[SET Y10]  右移動

②の状態     ─X02 X03 Y10 Y11 T00──[RST Y10]  右移動停止

③の状態     ─X02 X03 Y10 Y11 T00──[SET M00]  ┐タイマーは直接セット/
                                              │リセットできないので
             ─M00──(T00)K20                   │補助リレー(M0)にいっ
                                              ┘たん置き換える。

④の状態     ─Y10 Y11 T00──[SET Y11]  左移動
                         └─[RST M00]  タイマーのリセット

⑤の状態     ─X02 X03 Y10 Y11 T00──[RST Y11]  左移動停止
```

図1.4　タイミングテーブルからつくったラダー図

　この方法で作成した結果できあがったラダー図を図1.4に示します。

　このプログラムのつくり方では〔2〕の部分が状態を遷移するための条件部になっていますが，入出力リレーの状態だけを並べたのでは，時系列的な順序で動作しているという保障がなく，本来①→②→③→④→⑤と動作しなくてはならないところ，メンテナンスなどの手作業でユニットを手動で動かしていたら，スタートボタンを押さないのに，ある条件が整って，いきなり③のところから実行してしまうといったケースも想定できます。

　この例のような簡単なものであればタイミングテーブルをつくるのもさほど難かしくありませんが，複雑になってくると入出力リレーやタイマーの点数が膨れ上がり，効率的でなくなってきます。

ラダー図作成手法3 「フローチャートと出力のセットリセットによる手法」

　ユニットの動作順序を示すフローチャートを作成して，そのチャートを元にしてプログラムをつくる方法です。このモデルのフローチャートは図1.5のようになります。①～④の各部の構成をみると，何らかの入力があったときにどこかの出力を変化させるという形になっているのがわかります。そこで，その入力をトリガにして，当該リレーをON（セット），OFF（リセット）させることで，プログラミングできます。この方法でまず，シーケンスプログラムを単純に記述してみると次のようになります。

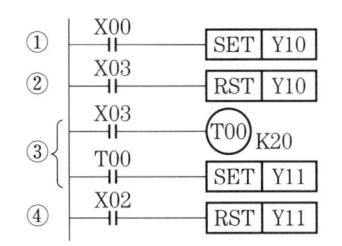

```
①  X00 ──┤├── [SET Y10]
②  X03 ──┤├── [RST Y10]
③ ┌ X03 ──┤├── (T00) K20
   └ T00 ──┤├── [SET Y11]
④  X02 ──┤├── [RST Y11]
```

　PLCの種類によってはSET/RSTの代わりにキープリレーを使うことがあります。1つのキープリレーにはS（セット）とR（リセット）の2つの入力があります。これを使って上のプログラムを書き直すと例えば次のようになります。

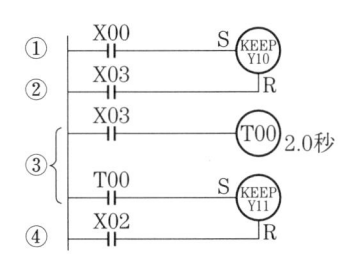

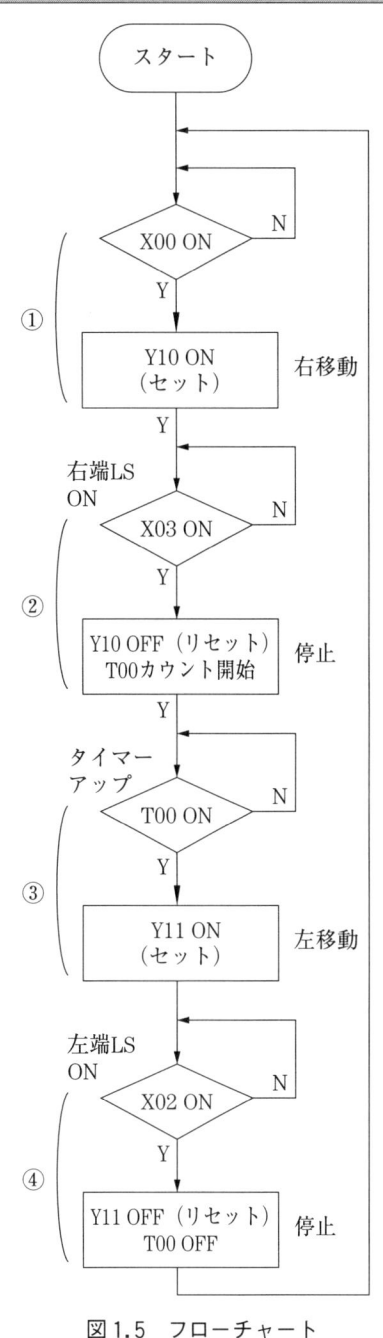

```
①  X00 ──┤├── S (KEEP Y10)
②  X03 ──┤├── R
③ ┌ X03 ──┤├── (T00) 2.0秒
   └ T00 ──┤├── S (KEEP Y11)
④  X02 ──┤├── R
```

　これらの記述の方法でとりあえず動作させることができますが，スタートボタンを押さなくても，右端のセンサがONするとモータが起動するなどといった不安定な部分が存在します。これは，フローチャートに記述されている時間に関する概念がこのプログラムで欠落していることに起因しています。すなわち，このプログラムは必ず①→②→③→④の順に実行されなくてならないという大前提がプログラム中に反映されていないということです。

図1.5　フローチャート

（フローチャート内容）
スタート → ① X00 ON? → Y → Y10 ON（セット）　右移動
→ 右端LS ON ② X03 ON? → Y → Y10 OFF（リセット）T00カウント開始　停止
→ タイマーアップ ③ T00 ON? → Y → Y11 ON（セット）　左移動
→ 左端LS ON ④ X02 ON? → Y → Y11 OFF（リセット）T00 OFF　停止

ラダー図作成手法 4 「行程歩進による手法」

　行程歩進の骨組みは，トランジションとプレースからつくられています。プレースはシーケンスの動作のステップを表現するシンボルです。トランジションは実行場所を次のプレースに移行するトリガに相当し，プレース間の関所のような役割をします。

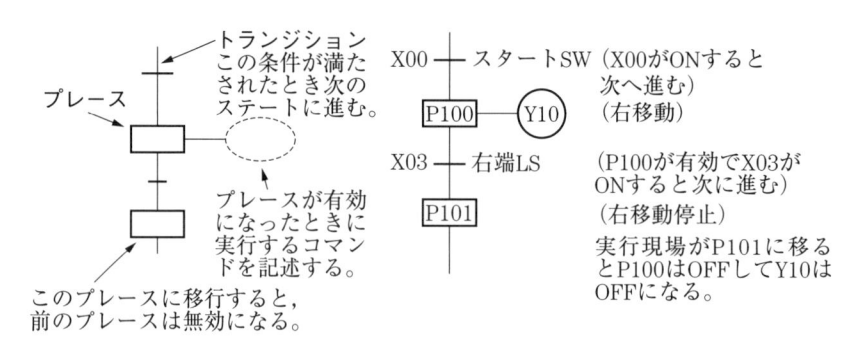

図1.6　行程歩進の記述例

　あるプレースのひとつ前のプレースが有効で（ONしている状態または動作している状態のこと），前のプレースとの間のトランジションの条件が満たされたときに次のプレースに動作が移行します。これはプレースを有効にすることができるシンボルであるトークンをつかって考えるとわかり易くなります。トークンが存在するプレースは動作していることを意味し，トークンはシーケンスの順に下手に移行するものとします。図1.7はトークンをつかってその状態の変化をあらわした例です。P100にトークンがあるとすると，P100が有効になり，次のトランジションの条件が成立しなければトークンはP100に停留します。

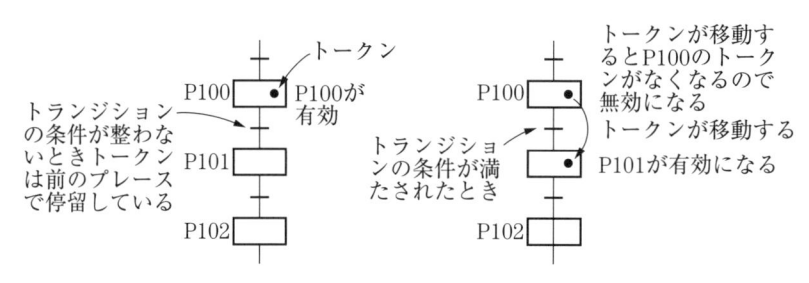

図1.7　トークンの動きとプレースのオン・オフ

　P100の次のトランジションの条件が満たされると，図の右側のようにトークンは次のプレースに移動して移動したプレースP101を有効にします。前のプレースP100にはトークンが存在しなくなるのでP100は無効（OFFしている状態）になります。

　トランジションの書き方としては左側にトランジションの条件を記述するとよいでしょう。図1.6では単にX00と書いていますが，X00がONでX01がOFFの条件ということになると，(X00:True AND X01:False)とか，(X00:ON AND X01:OFF)のように

あるいは，ラダーの記号で表わすと，─┤├─┤/├─，あるいは─┤├─┤├─ と記述することもあります。

トランジションはトークンを移行させるための条件であり，トークンの関所のような通過点ですのでここでは出力の変化などの作業に関する処理は行なわれません。そのような処理はプレースで行われます。

すなわち，プレースがトークンを受取ったときにそのプレースに書かれているコマンドを実行することになっています。

図 1.6 のようにプレース P 100 に Y10 が接続されて，P 100 ─ Y10 となっていれば，P 100 が ON している間 Y 10 を ON するということになります。もし，P 100 のトークンが次のプレースに移動すればその時点で P 100 は無効になるので Y 10 も OFF します。P 100 と Y10 の間にインターロックなどの条件を入れることもできます。

例えば，P 100 ─/─ Y10 あるいは P 100 ─┤─ Y10 などのように記述します。"─/─" は肯定の "─┤─"（AND 接続）に否定のマーク "／"（NOT）をつけたものです。

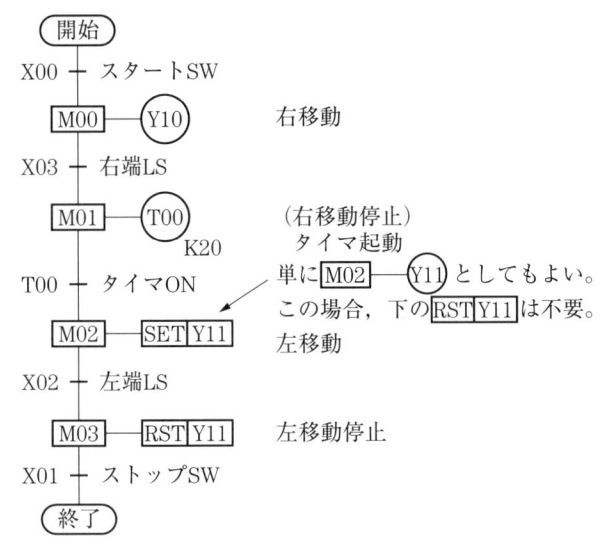

```
(開始)
 │
X00 ─┤ スタートSW
 │
[M00]─(Y10)         右移動
 │
X03 ─┤ 右端LS
 │
[M01]─(T00)         (右移動停止)
      K20           タイマ起動
 │
T00 ─┤ タイマON       単に [M02]─(Y11) としてもよい。
 │                   この場合，下の [RST][Y11] は不要。
[M02]─[SET][Y11]    左移動
 │
X02 ─┤ 左端LS
 │
[M03]─[RST][Y11]    左移動停止
 │
X01 ─┤ ストップSW
 │
(終了)
```

図 1.8　行程歩進による流れ図

これまで述べた約束に従って，制御対象モデルの制御順序を表現したのが図 1.8 の行程歩進による流れ図です。プレースには PLC の補助リレー M を使いました。このようにしてできた流れ図をラダー図に直すには，次のような手順をとります。

例えば，図 1.9(a) のような回路は M 00 が X 00 で ON して X 03 で OFF することを表現しているので，自己保持回路を使って，図 1.9(b) のように表現できます。

さらに進んで，次のプレースまで考慮すると，条件は変わってきます。

第3編　第1章　ラダー図のための5種類のプログラミング手法

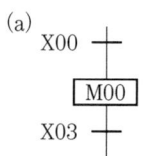

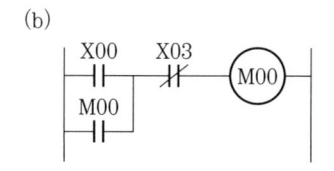

(a)

(b)

図1.9　トランジションとプレースを自己保持回路で置きかえる

　図1.10(a)には，M01のプレースを追加したところを記述しました。

　M01のプレースはM00にトークンがあるときにトランジションの条件であるX03がONするとトークンを受取ることができるようにプログラムすればよいので，これを自己保持回路で表わすと，同図(b)の下側のM01の回路のようになります。

　ところが，M00はX03がONするとOFFしますので，M01の開始条件のM00はX03と同時にONできません。したがって，このままではM01は永久にONできないことになってしまいます。

　そこで，M00の自己保持を解除するのはX03ではなく，M01で解除するというようにラダー図を変更したのが同図(c)です。

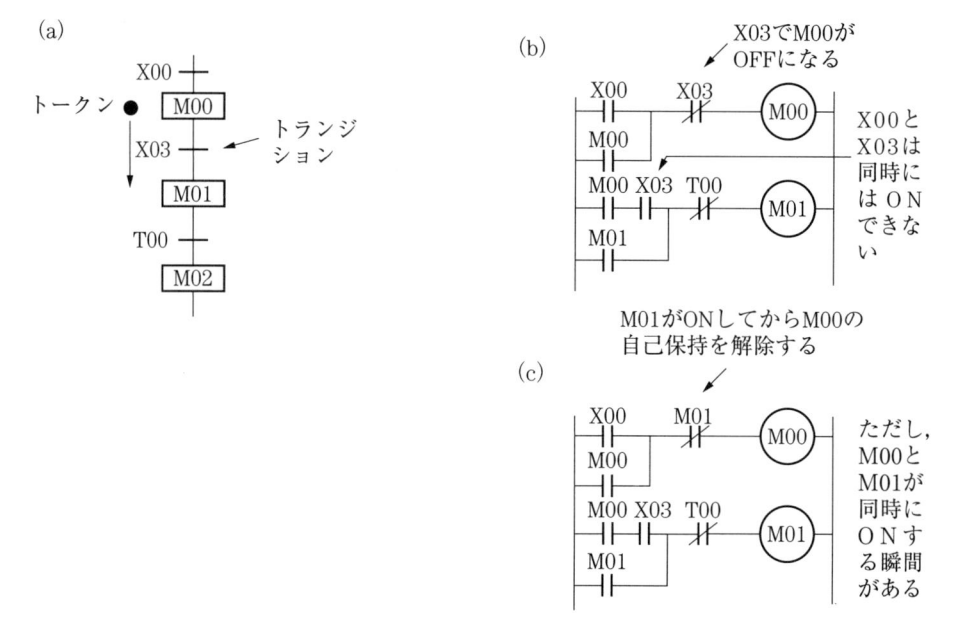

図1.10　中間のプレースの記述

　このようにすると，行程歩進はうまくいきますが，1スキャン分だけM00とM01が同時にONになる瞬間があるので注意します。

図1.11(a)のように各プレースが有効になったときに実行するコマンド部が書かれているときは図1.11(b)のようにラダー図で記述できます。

この場合，プレースM00が有効なとき，そこに接続されている出力リレーY10をONすることを表現しています。

さらにもう1つ追記すると，図1.10は最初のプレースM00の起動条件が X00 だけになっていますが，初期状態からスタートするときの条件は全てのプレースにトークンが存在しないときと考えなくてはなりません。すなわち，M00～M03が全てOFFであるときに動作を開始するということになります。このうち，M00は自分のプレースなので無視すると，M00の回路は図1.12のようになります。

このようにして図1.8でつくった行程歩進の流れ図をラダー図に変換してみると図1.13のようなPLCプログラムが完成します。

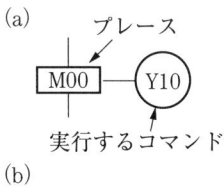

図1.11 プレースの実行コマンドをラダー図に置きかえる

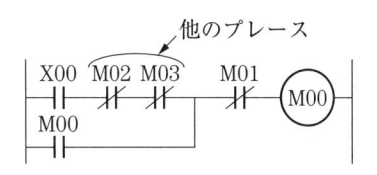

図1.12 最初のプレースの起動条件

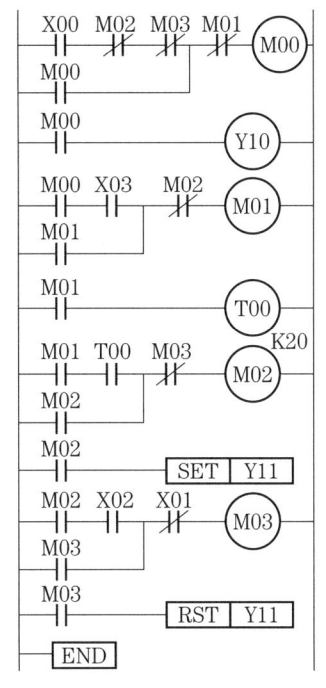

図1.13 ラダー図作成手法4によって完成したプログラム

ラダー図作成手法5 「状態遷移図による手法」

　ユニットの動作順序を状態遷移図にして，その図からラダー図を作成する方法です。

　シーケンス制御の場合，出力のON/OFFをするときにはその引き金となる何らかの入力の変化があります。その変化を受けてプログラムで出力のON/OFFを切替えます。一方，出力が切替わって出力端子につながっているアクチュエータがONすると，それに伴って引き起こされる機械的な動作の結果として，ほとんどの機構では必ず決まった入力の変化があると考えられます。

　例えば図1.1のシステムでは図1.14のような入出力の因果関係があります。

出力の変化	引き起こされる動作	結果として起こる入力の変化
Y 10（OFF→ON）	→ 右へ移動 →	X 02（ON→OFF）/X 03（OFF→ON）
Y 10（ON→OFF）	→ 右移動停止 →	変化なし
Y 11（OFF→ON）	→ 左へ移動 →	X 03（ON→OFF）/X 02（OFF→ON）
Y 11（ON→OFF）	→ 左移動停止 →	変化なし

図1.14　出力の動作と入力の変化の因果関係

　この関係をつかって，状態の変化をステップ毎に図にしたものが状態遷移図の図1.15です。

状態番号	状態遷移部			状態記憶部	出力制御部
	A	B	C	D	E
	出力変化によるメカニズムの動作	動作の結果変化する入力	状態記憶リレーをONする条件	状態記憶リレー番号	状態リレーがONしたときに制御する出力
1	—	スタートスイッチ X 00（OFF→ON）	X 00 ─┤├─ ON	─(M 01)	モータ正転 Y 10（OFF→ON）
2	ブロック右移動	右端LS X 03（OFF→ON）	X 03 ─┤├─ ON	─(M 02)	モータ正転停止 Y 10（ON→OFF） タイマーコイル T 00 カウント開始
3	タイマーカウント	タイマーリレー接点 T 00（OFF→ON）	T 00 ─┤├─ ON	─(M 03)	モータ逆転 Y 11（OFF→ON）
4	ブロック左移動	左端LS X 02（OFF→ON）	X 02 ─┤├─ ON	─(M 04)	モータ逆転停止 Y 11（ON→OFF）
0	左移動停止	—	—	—	—

〔状態遷移部〕
状態番号0は何も動作していない状態
　　〃　　1はスタートスイッチが押されたことを記憶した状態
　　〃　　2は状態1につづいて右端LSがONしたことを記憶した状態
　　〃　　3は状態2につづいてタイマーリレー接点がONしたことを記憶した状態
　　〃　　4は状態3につづいて左端LSがONしたことを記憶した状態
〔状態記憶リレー部〕
　各状態記憶リレーは起こった状態を記憶しておくリレーで各状態ごとに1つの状態記憶リレーが割付られている。状態記憶リレーは一担ONすると状態が0に戻るまで保持される。
〔出力制御部〕
　出力制御部は各状態記憶リレーのON/OFFの状態をもとにして出力のON/OFFを行う部分で，そのON/OFF制御によって制御対象の動作が行われる。ただし，状態の遷移には出力部の条件が入っておらず，出力部の動作と分離して遷移すると考えられる。

図1.15　状態遷移図

この状態遷移図を行程歩進で作ったような流れ図に置き換えてみると図1.16のようになります。

```
                          開始
                           │
スタートSW  X00 ─┤
                        ┌─┴─┐
                        │P01│-------- M01：自己保持 --------▶ Y10（OFF → ON）
                        └─┬─┘
右端LS    X03 ─┤
                        ┌─┴─┐
                        │P02│-------- M02：自己保持 --------▶ Y10（ON → OFF）
                        └─┬─┘
T00接点       ─┤                                            T00（カウント開始）
                        ┌─┴─┐
                        │P03│-------- M03：自己保持 --------▶ Y11（OFF → ON）
                        └─┬─┘
左端LS    X02 ─┤
                        ┌─┴─┐
                        │P04│-------- M04：自己保持 --------▶ Y11（ON → OFF）
                        └─┬─┘
ストップSW X01 ─┤
                        ┌─┴─┐
                        │P05│-------- M05：オン
                        └─┬─┘          M05でM01～M04
                           │            の自己保持を解除
                          終了

    状態遷移部           状態記憶部           出力制御部
```

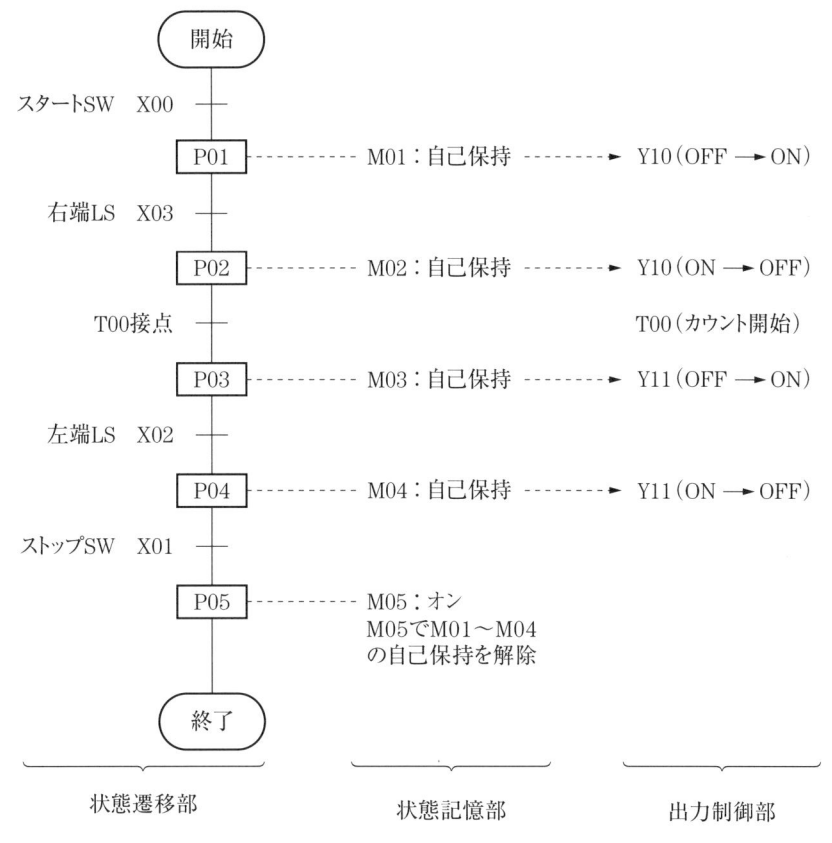

図1.16　状態遷移図の流れ図表示

行程歩進のときはトークンをつかって流れ図の中では1つの状態しか有効にしないような制御方法をとりましたが，ここでは，M01～M05の状態記憶リレーによって過去に起った状態を順番に記憶してゆき，状態が0になって制御対象が原点に復帰したところで記憶したリレーを全てクリアしています。この中のPは状態記憶リレー（M□□）を起動する条件のようなものと考えておきます。

例えば，P01への移行条件はX00がONすることであり，P01がONするとM01が自己保持となって，ONの状態を保持するものとします。

すると，P02が有効になるためには必ずM01がONしていなくてはならず，さらに，P02に動作を移すためにはX03によるトリガが入る必要があります。

これをラダー図で表わすと図1.17のようになります。

状態記憶リレーがONする直前のPは移行する条件が整っているかどうかの基準となり，一担状態記憶リレーがONすると，Pの値は状態記憶リレーの値と同値になると考えると，ラダー図上Pを表現する必要はなくなっています。

このようにシステムが動作するときに変化する状態を時系列的にメモリ上に記憶してゆ

135

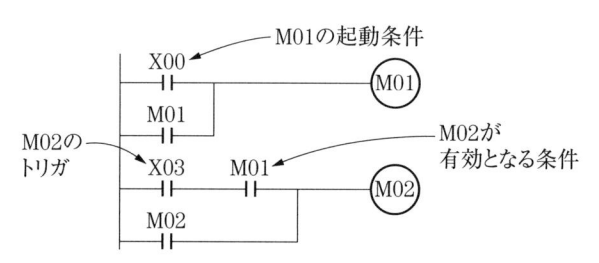

図1.17 状態遷移図から導かれるラダー図

き，各状態における出力の制御を行うという手法が状態遷移方式によるラダー図の作成手法です。

次にこの手法を用いて実際にプログラムをつくる手順を解説します。

はずはじめに，状態遷移の記述に無関係な出力制御部を除いて，各状態を自己保持回路をつかって記述していきます。図1.18がそのラダー図です。

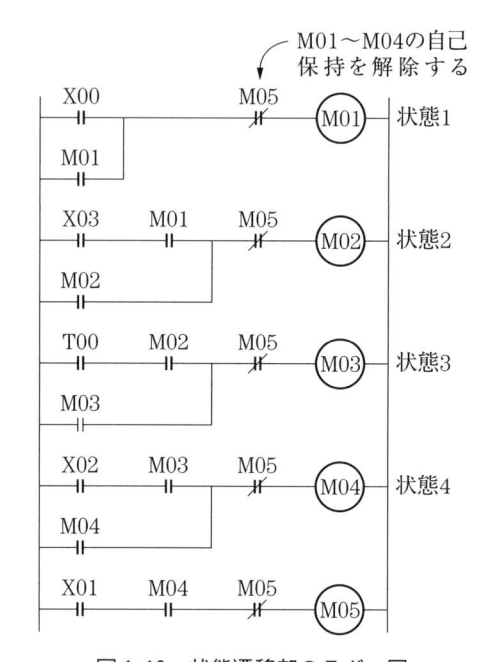

図1.18 状態遷移部のラダー図

このプログラムを起動すると入力の変化に応じてM01から順に自己保持持となり，最後のM05がONすると全ての自己保持が解除されます。出力部に関しては状態記憶リレーのON/OFFにリンクするように記述します。

図1.16または図1.15より次のようになります。

① Y10はM01でONしてM02でOFFする。
② タイマーT00はM02でカウントを開始する。
③ Y11はM03でONしてM04でOFFする。

これをラダー図で表現すると図1.19のようになります。

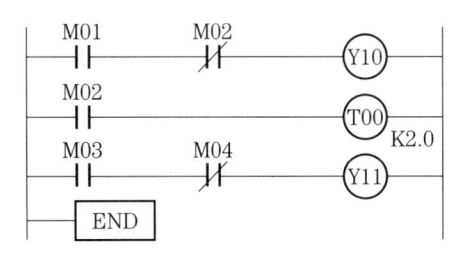

```
     M01    M02
  ├──┤ ├────┤/├────(Y10)──┤
  │   M02
  ├──┤ ├─────────────(T00)─┤
  │                         K2.0
  │   M03    M04
  ├──┤ ├────┤/├────(Y11)──┤
  │
  └──[END]
```

図 1.19　出力制御部のラダー図

したがって，全プログラムは図1.18のあとに図1.9のプログラムを追加したものになります。

第1章のまとめと補足

1. ラダー図を設計する方法は個人差があり，いくつも考えられるが，次の5つの手法のいずれかを用いるとシステマティックにプログラミングすることができる。
    ① タイムチャートによる手法
    ② タイミングテーブルによる手法
    ③ フローチャートと出力のセット・リセットによる手法
    ④ 行程歩進による手法
    ⑤ 状態遷移図による手法

2. 行程歩進による手法では，トランジションとプレースをつかって行程を記述し，各工程にはその工程で実行するコマンドが記述されている。今，実行している行程から次の工程に移ると，次の工程のコマンドが実行され，前に実行していたコマンドは有効でなくなる。

3. 状態遷移図による手法でもトランジションとプレースをつかった流れ図で行程を記述することができるが，工程が次の状態に移っても前の工程のコマンドは有効のままにする。工程の最後を示すリレーが実行されたとき，全行程が終了したことになるので，そこではじめて全工程の状態を初期化して，全行程のコマンドを無効にする。

●理解度テスト

演習問題［1］

次のシステムを動作させるプログラムをラダー図作成手法4（行程歩進による手法）と，手法5（状態遷移図による手法）の2つの方法で作成せよ。

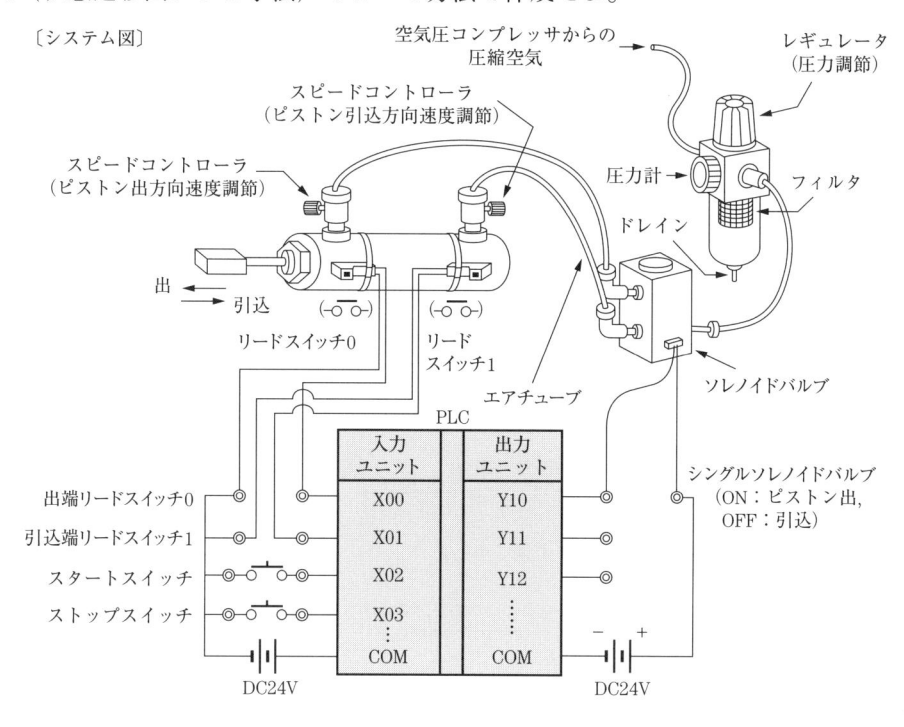

〔システム図〕

〔動作順序〕

スタートスイッチを1回押すと，ピストンが出て，ピストン出端リミットスイッチと，引込端リミットスイッチの間で往復運動を繰り返す。ストップスイッチを押すと，引込端に戻って停止する。

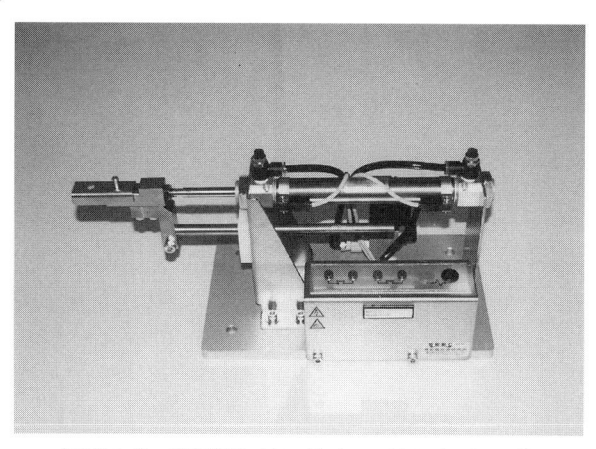

写真1.2　空気圧シリンダ（MM 3000 シリーズ）

[解答例]
(1) ラダー図作成手法4によるプログラム（行程歩進による手法）
① このシステムの流れ図は次のようになる。

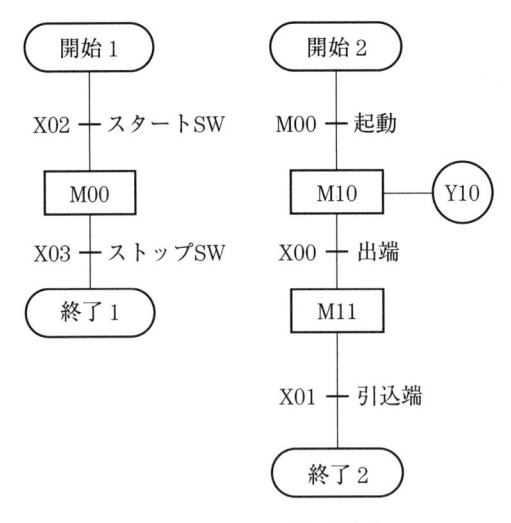

(a) システム起動部　　(b) 制御部

② 流れ図をラダー図に変換する

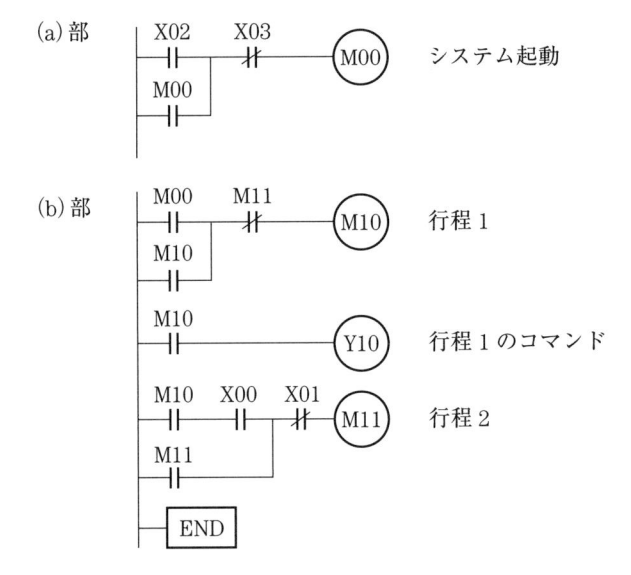

(a)部　システム起動：X02（スタートSW）とX03（ストップSW）によりM00を自己保持

(b)部
- 行程1：M00とM11によりM10を自己保持
- 行程1のコマンド：M10でY10
- 行程2：M10, X00, X01とM11によりM11を自己保持
- END

[解答例]

(2) ラダー図作成手法5によるプログラム（状態遷移図による手法）

① この流れ図は次のようになる。

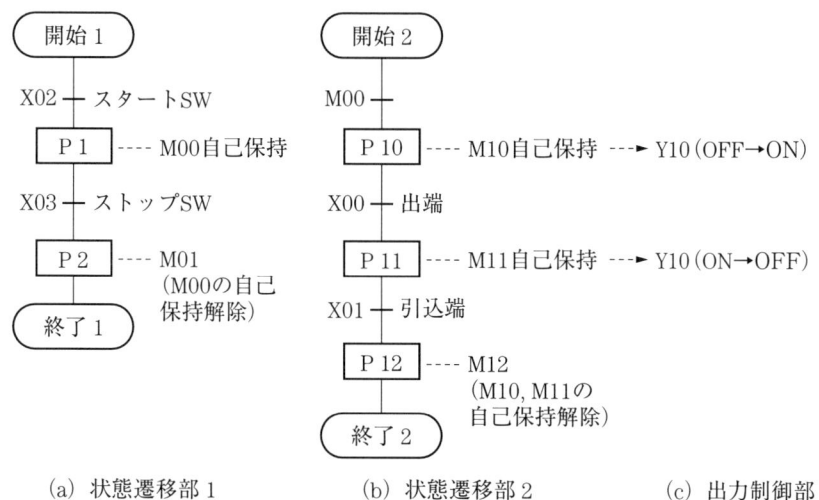

```
   開始1                    開始2
    │                        │
X02─┤スタートSW          M00─┤
   ┌─┴─┐                   ┌─┴─┐
   │P1 │ ---- M00自己保持   │P10│ ---- M10自己保持 ---→ Y10(OFF→ON)
   └─┬─┘                   └─┬─┘
X03─┤ストップSW          X00─┤出端
   ┌─┴─┐                   ┌─┴─┐
   │P2 │ ---- M01          │P11│ ---- M11自己保持 ---→ Y10(ON→OFF)
   └─┬─┘     (M00の自己     └─┬─┘
   終了1      保持解除)    X01─┤引込端
                            ┌─┴─┐
                            │P12│ ---- M12
                            └─┬─┘     (M10,M11の
                            終了2      自己保持解除)
```

　(a) 状態遷移部1　　　(b) 状態遷移部2　　　(c) 出力制御部

② 流れ図をラダー図に変換する

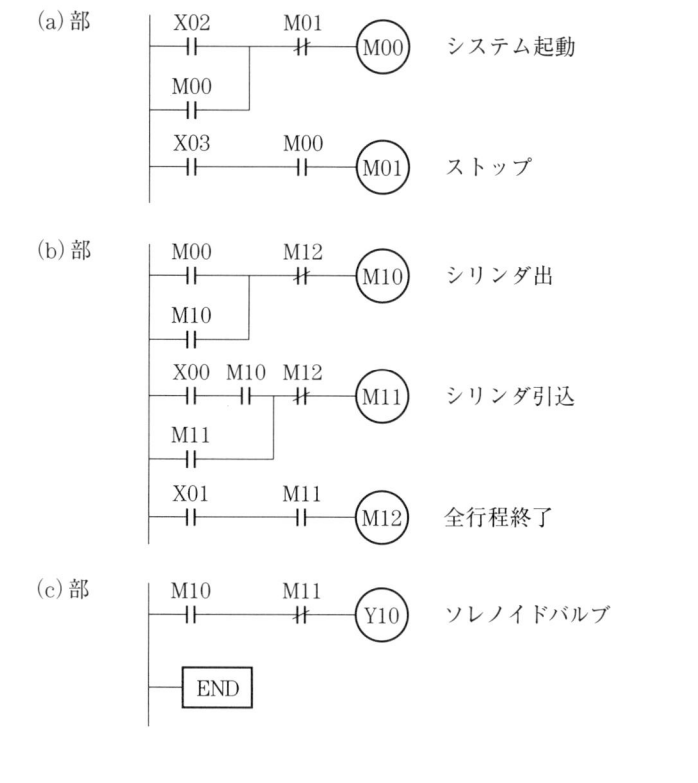

(a)部
```
    X02    M01
   ─┤├────┤/├────(M00)    システム起動
    M00
   ─┤├─┘
    X03    M00
   ─┤├────┤├────(M01)     ストップ
```

(b)部
```
    M00    M12
   ─┤├────┤/├────(M10)    シリンダ出
    M10
   ─┤├─┘
    X00  M10  M12
   ─┤├──┤├──┤/├──(M11)   シリンダ引込
    M11
   ─┤├─┘
    X01    M11
   ─┤├────┤├────(M12)    全行程終了
```

(c)部
```
    M10    M11
   ─┤├────┤/├────(Y10)   ソレノイドバルブ
   ─[END]─
```

第2章

フローチャートと
状態遷移方式のプログラミング

> 本章では順序制御を視覚的にわかり易く表現するフローチャートをつかって，応用性のあるラダー図を構成する手法を解説します。この方法を用いると，フローチャートを機械的に変換するだけでラダー図のプログラムが作成されるのでたいへん便利です。

2.1 フローチャートと状態遷移図の関係

図2.1の状態遷移図の流れ図表示はフローチャートの形でも表現できます。

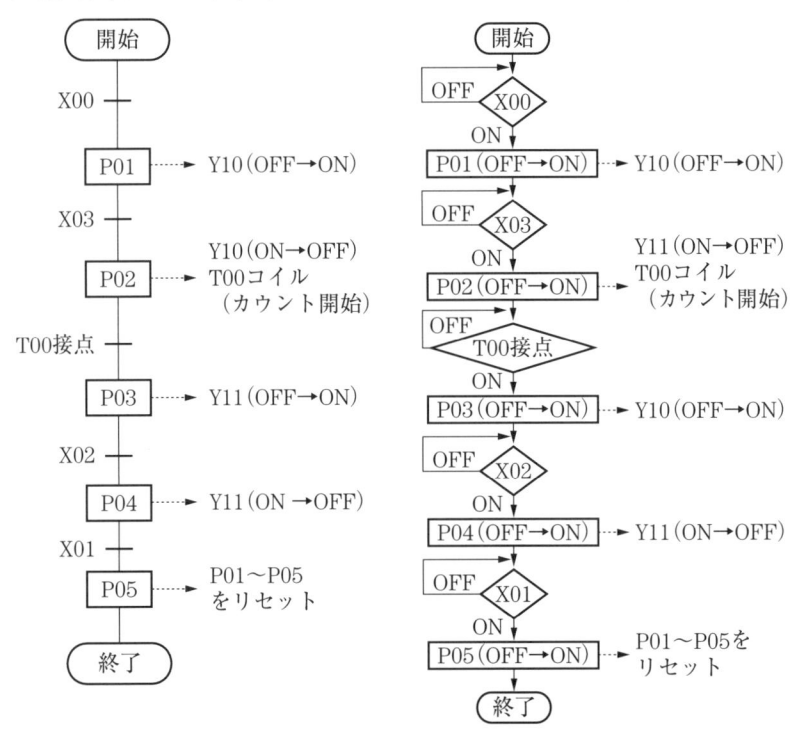

(a) 状態遷移の流れ図表現　　(b) フローチャートによる表現

図2.1　状態遷移図とフローチャートの関係

プレースについては状態遷移図とフローチャートで同様の表現方法をとれます。

トランジションでは，トランジションに記載されているリレー接点の状態がTrue（a接点の場合はONになること）になると次の状態に移行します。これをフローチャートでは図2.1のように条件分岐で表現することができます。

2.2　フローチャートからラダー図をつくる

フローチャートは動作が矢印方向に移ってゆくので，その条件分岐部では，前のステップのリレーがONしていることが，次のステップに移るための必要条件となります。移行するタイミングは条件分岐に使われているリレーの接点がTrue（真）になる（ONになる）ときになります。このような条件分岐をプログラムで表現するために図2.2のような回路を使います。ここで例としてP01からP02に動作が移行するときのプログラムについて考えてみます。

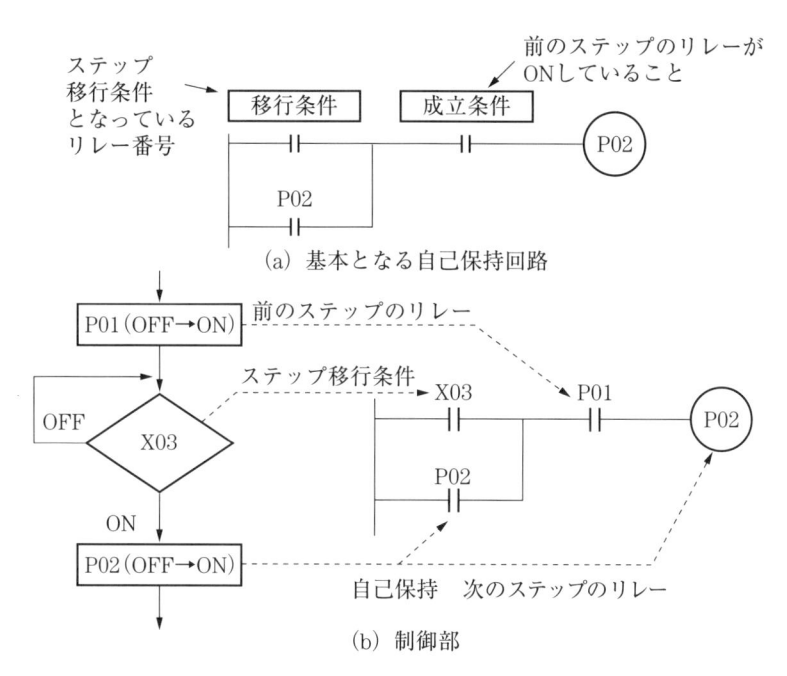

図2.2　フローチャートからラダー図を起こす

ここでつくっているラダー図の基本となっているのは自己保持回路ですが，自己保持回路は図2.2(a)のように，移行条件部と成立条件部があります。この自己保持回路をつかってP02を動作させるためのラダー図をつくってみます。P02が成立する条件は，そのひとつ前のステップのリレー（P01）がONしていることになります。また，移行条件は，次のステップに移行する条件となるリレーの接点を記述することになります。したがって，図2.1のP01からP02に移行するステップをラダー図で表現すると，図2.2(b)のようになります。各ステップにおいてこれと同様の操作をすると全体のラダー図をつくることが

できます。

図2.1(b)のフローチャートでは各ステップを表わすのにP□□というシンボルを使っていますが，これを内部リレーM□□に置き替えてフローチャートをつくり直したものが図2.3(a)で，これを上述の決まりに従ってラダー図にしたものが同図(b)です。

(a) 書替えたフローチャート　　(b) ラダー図表現

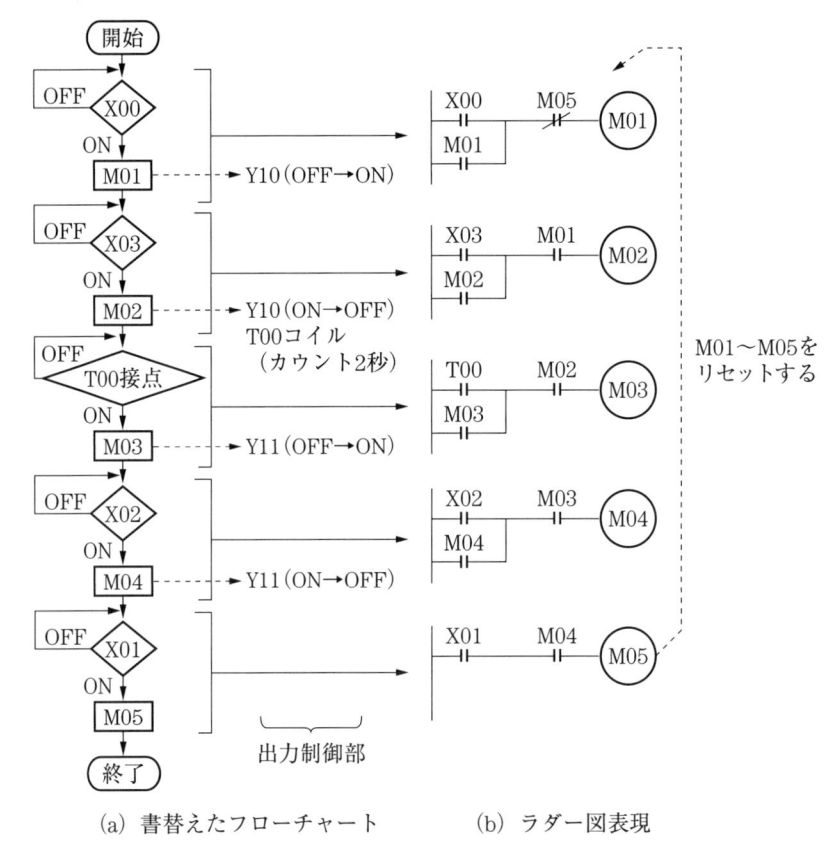

図2.3　フローチャートの各ステップのラダー図表現

このラダー図の中では，ステップの進行のみが記述されていて，出力制御部についてはまだ処理されていません。

2.3　出力制御部のラダー図

出力リレーのラダー図は図2.3の出力制御部の記述を基にしてつくることができます。その部分だけを抜き出してみると図2.4(a)のようになっています。

各リレーコイルについてそれをON/OFFするM□□リレーの接点をつかってラダー図に変換すると同図(b)のようになります。

```
  M01  -------- Y10（OFF→ON）                    M01   M02
                                                 ─┤├───┤/├──(Y10)
  M02  -------- Y10（ON→OFF）
         ╎                                        M02
         └----- T00コイル（カウント）              ─┤├──────(T00)
                                                            K20
  M03  -------- Y11（OFF→ON）                    M03   M04
                                                 ─┤├───┤/├──(Y11)
  M04  -------- Y11（ON→OFF）
```

　　　(a) 出力制御部の表現　　　　　　　　　　　(b) ラダー図表現

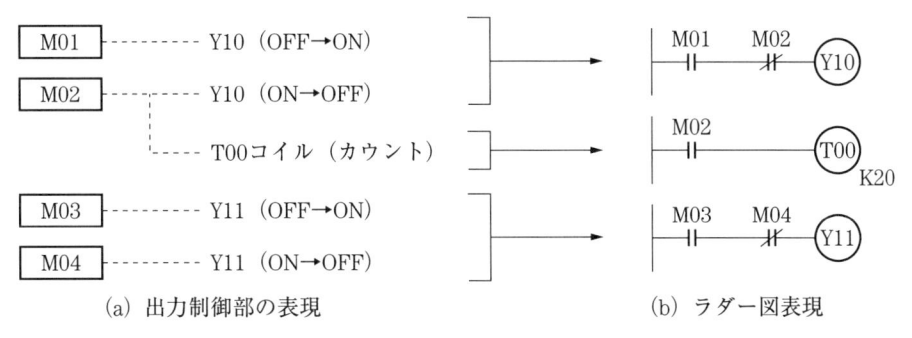

図2.4　出力制御部

2.4　全プログラム

もう一度全プログラムを記載すると，図2.5のようになります。ここではタイマーは出力制御部ではなく，ステップ進行部に時系列に従って挿入してあります。

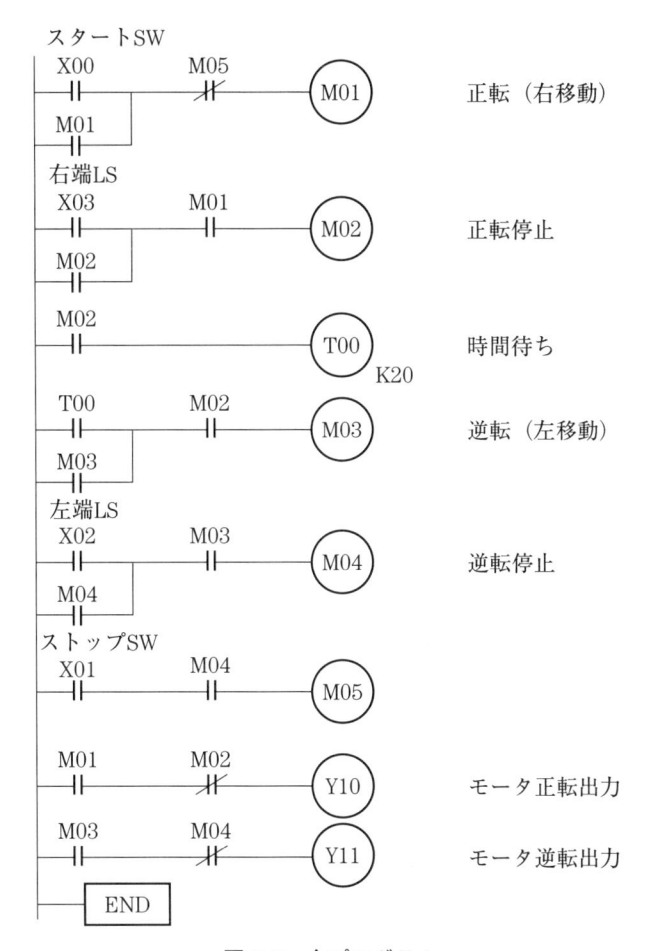

```
スタートSW
  X00     M05
  ─┤├─────┤/├──────(M01)       正転（右移動）
  M01
  ─┤├─
右端LS
  X03     M01
  ─┤├─────┤├───────(M02)       正転停止
  M02
  ─┤├─

  M02
  ─┤├──────────────(T00)       時間待ち
                       K20
  T00     M02
  ─┤├─────┤/├──────(M03)       逆転（左移動）
  M03
  ─┤├─
左端LS
  X02     M03
  ─┤├─────┤├───────(M04)       逆転停止
  M04
  ─┤├─
ストップSW
  X01     M04
  ─┤├─────┤├───────(M05)

  M01     M02
  ─┤├─────┤/├──────(Y10)       モータ正転出力

  M03     M04
  ─┤├─────┤/├──────(Y11)       モータ逆転出力

         ─[ END ]─
```

図2.5　全プログラム

145

第2章のまとめと補足

1. 状態遷移の流れ図はフローチャートで表現できる。

2. フローチャートを上手に記述すると，それをもとにしてラダー図に変換できるようになり，一連のシーケンスプログラムをつくることができる。

3. 自己保持回路をつかってフローチャートのステップを表現するときには，ステップの移行条件と自己保持回路の成立条件を自己保持回路の起動条件部と解除条件部に適用するとよい。

4. フローチャートはステップ制御部と出力制御部に分けてラダー図に変換するとよい。

●理解度テスト

演習問題［1］

次ページに示すシステムは次のような動作をする。このとき（1），（2）の問に答えよ。

　スタートスイッチ（X00）を押すとまず，ベルトコンベアが動いて（Y00：ON），コンベヤ上のワークを搬送する。光電センサ（X02）がワークを検出するとベルトコンベヤを停止（Y00：OFF）して，取出作業を開始する。取出を行うユニットは，真空発生器のついた吸着パッドを空気圧シリンダで上下に移動する機構とインダクションモータで駆動して往復運動する送りネジ機構を使って構成されている。

　取出作業は，吸着パッドを下降（Y01：ON）して下降端（X03）でパッドをワークに密着し，真空発生器に空気圧を送り込んで吸引する（Y02：ON）。パッドを上昇する（Y01：OFF）とワークが持ち上げられるので，上昇端（X04）に達したら送りネジ機構を使って後退（Y04：ON）をはじめ，後退端（X06）で，下降（Y01：ON）し，真空発生器に送り込んでいる空気圧を切って（Y02：OFF）ワークを落下させる。上昇（Y01：OFF）して，上昇端（X04）に達したら，再度送りネジを使って今度は前進（Y03：ON）して前進端リミットスイッチ（X05）の位置で停止する。

　問（1）　この動作を表すフローチャートを作成せよ。
　問（2）　ラダー図を使ったプログラムを作成せよ。

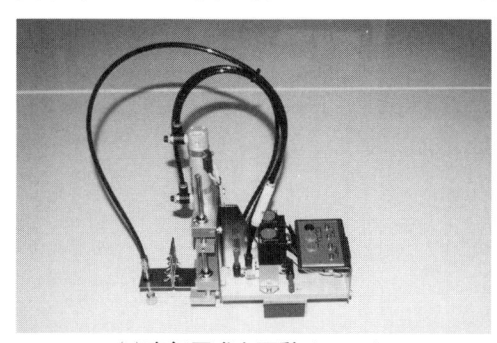

(a) 空気圧式上下動チャック 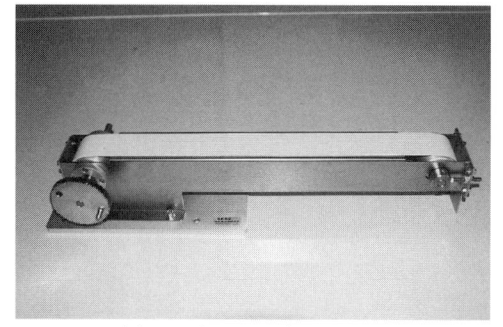　　(b) ベルトコンベヤユニット
(c) 直進テーブルユニット 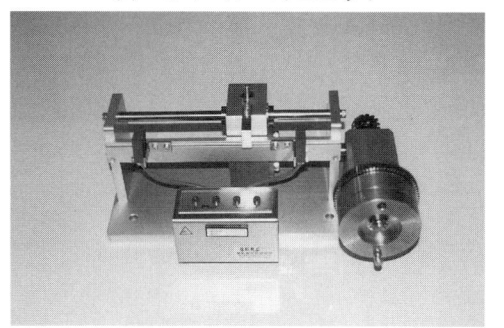　　(d) 送りネジユニット 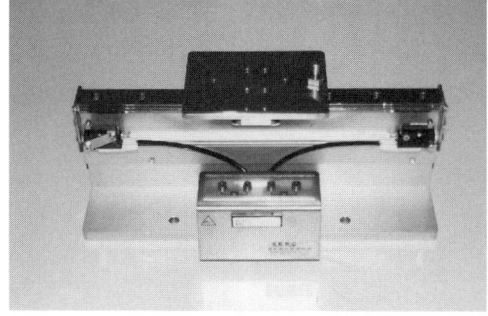

写真2.1　実験システムの一部（MM 3000 シリーズ）

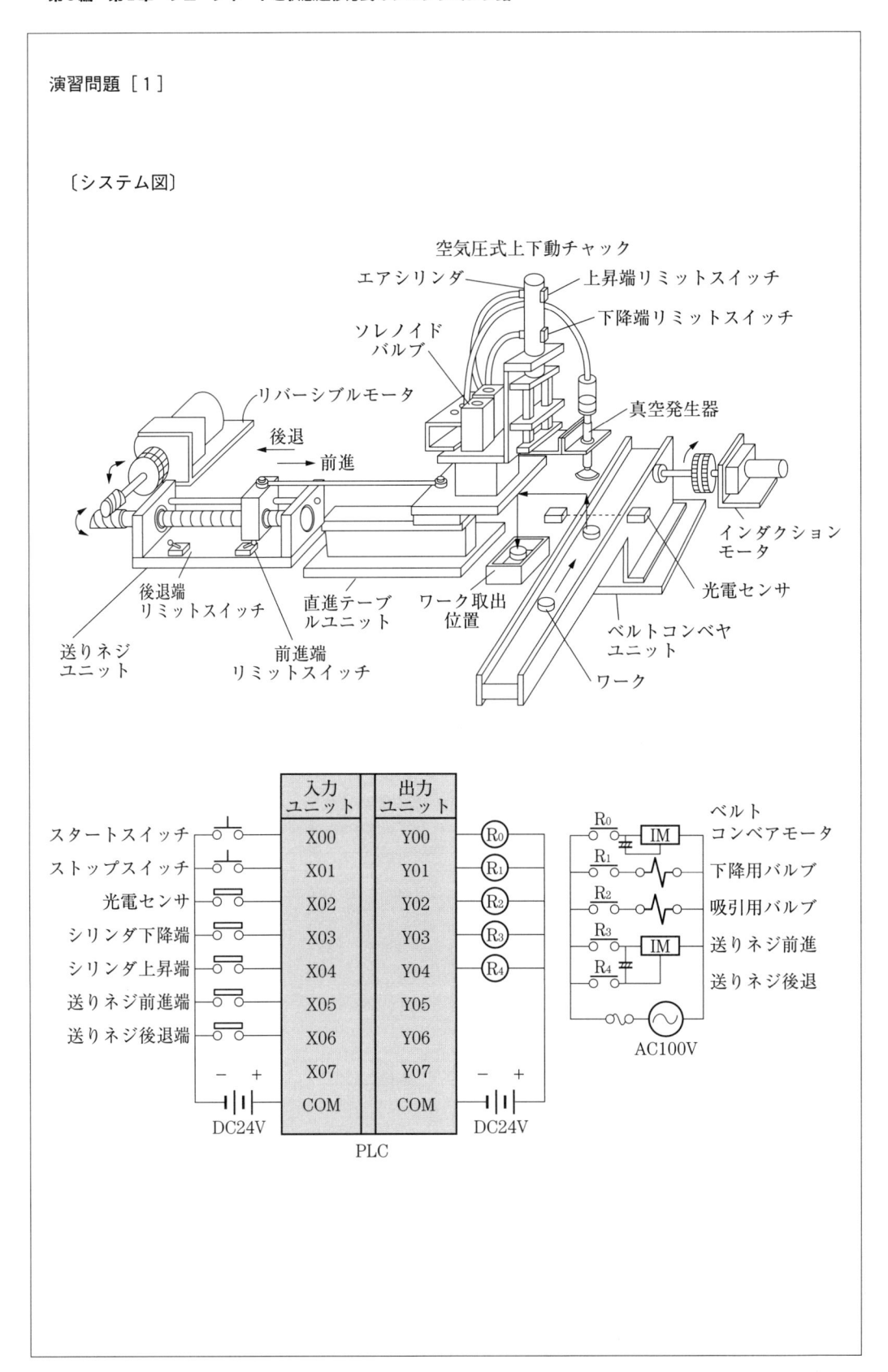

演習問題〔1〕

〔システム図〕

演習問題 [1] 解答例

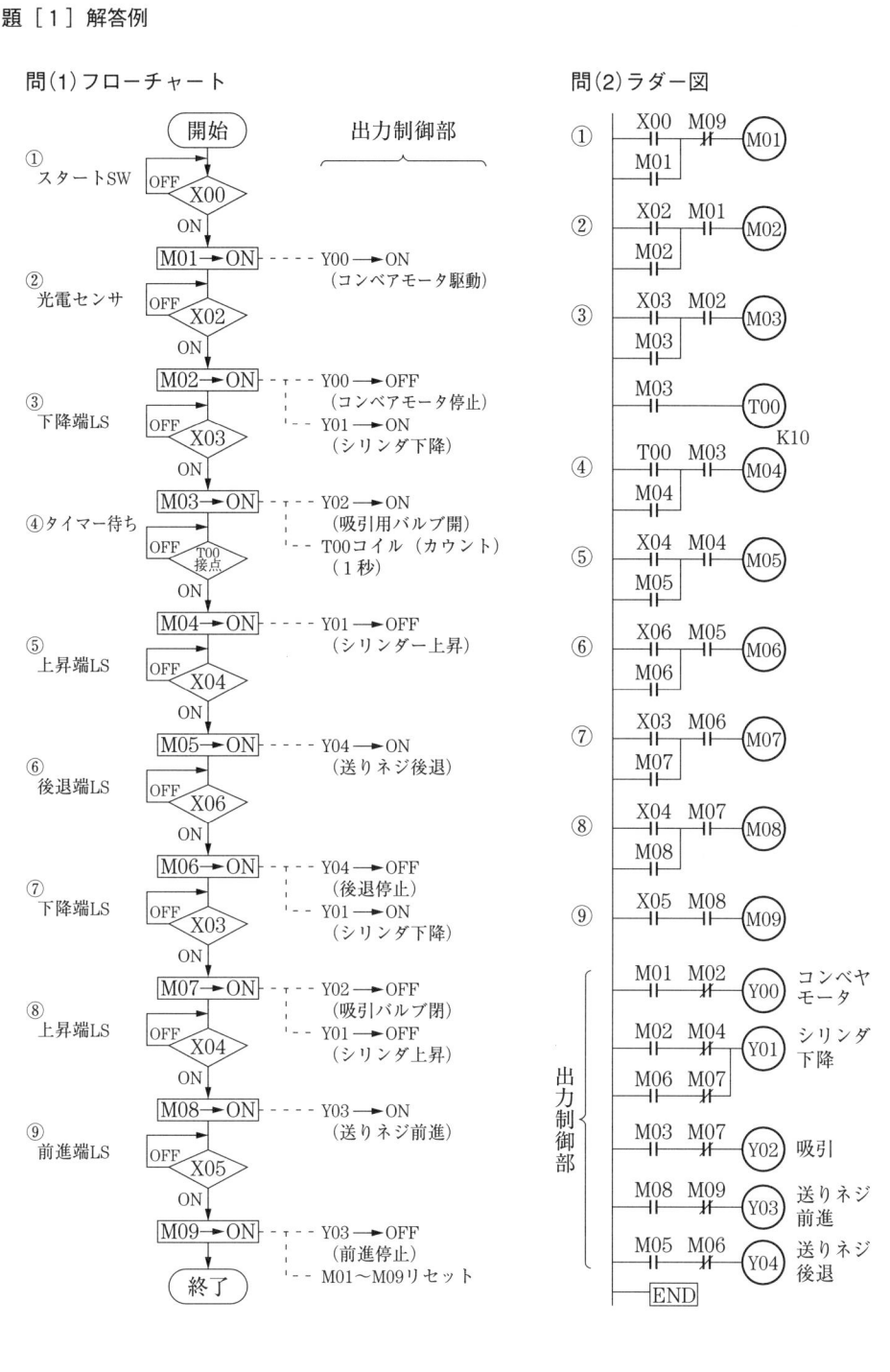

問(1) フローチャート

```
                                    出力制御部
                   ┌開始┐
①スタートSW       OFF◇X00
                     ON↓
②光電センサ       M01→ON ---- Y00→ON
                              (コンベアモータ駆動)
                 OFF◇X02
                     ON↓
③下降端LS         M02→ON ---- Y00→OFF
                              (コンベアモータ停止)
                          ---- Y01→ON
                 OFF◇X03      (シリンダ下降)
                     ON↓
④タイマー待ち     M03→ON ---- Y02→ON
                              (吸引用バルブ開)
                 OFF◇T00接点 --- T00コイル(カウント)
                     ON↓      (1秒)
⑤上昇端LS         M04→ON ---- Y01→OFF
                              (シリンダー上昇)
                 OFF◇X04
                     ON↓
⑥後退端LS         M05→ON ---- Y04→ON
                              (送りネジ後退)
                 OFF◇X06
                     ON↓
⑦下降端LS         M06→ON ---- Y04→OFF
                              (後退停止)
                          ---- Y01→ON
                 OFF◇X03      (シリンダ下降)
                     ON↓
⑧上昇端LS         M07→ON ---- Y02→OFF
                              (吸引バルブ閉)
                          ---- Y01→OFF
                 OFF◇X04      (シリンダ上昇)
                     ON↓
⑨前進端LS         M08→ON ---- Y03→ON
                              (送りネジ前進)
                 OFF◇X05
                     ON↓
                  M09→ON ---- Y03→OFF
                              (前進停止)
                          ---- M01~M09リセット
                   └終了┘
```

問(2) ラダー図

```
①  ─X00─┤├──M09─┤/├──(M01)
    ├─M01─┤├──┤

②  ─X02─┤├──M01─┤├──(M02)
    ├─M02─┤├──┤

③  ─X03─┤├──M02─┤├──(M03)
    ├─M03─┤├──┤

    ─M03─┤├────────(T00)
                      K10

④  ─T00─┤├──M03─┤├──(M04)
    ├─M04─┤├──┤

⑤  ─X04─┤├──M04─┤├──(M05)
    ├─M05─┤├──┤

⑥  ─X06─┤├──M05─┤├──(M06)
    ├─M06─┤├──┤

⑦  ─X03─┤├──M06─┤├──(M07)
    ├─M07─┤├──┤

⑧  ─X04─┤├──M07─┤├──(M08)
    ├─M08─┤├──┤

⑨  ─X05─┤├──M08─┤├──(M09)
```

出力制御部

```
─M01─┤├──M02─┤/├──(Y00)  コンベヤモータ

─M02─┤├──M04─┤/├──(Y01)  シリンダ下降
─M06─┤├──M07─┤/├──┤

─M03─┤├──M07─┤/├──(Y02)  吸引

─M08─┤├──M09─┤/├──(Y03)  送りネジ前進

─M05─┤├──M06─┤/├──(Y04)  送りネジ後退

[END]
```

演習問題［2］

下記のシステムを制御するPLCラダー図を完成せよ。

〔動作順序〕

システム図のように180°ずつ回転するインデックステーブル上に2つの治具がついている。作業者がポジション1の治具に部品を装着してから手元スイッチを押すと，テーブルが180°回転して部品が圧入装置の下（ポジション2）に送られる。テーブルが停止すると自動的に圧入装置のシリンダが下降して部品を上から押しつぶすように圧入作業を行なって上昇する。作業者が次の部品を装着して手元スイッチを押すとまた同じ動作をくり返す。作業者のところに圧入の済んだ部品が戻ってきたら作業者は手でこれをはずして新しい部品を装着する。

〔システム図〕

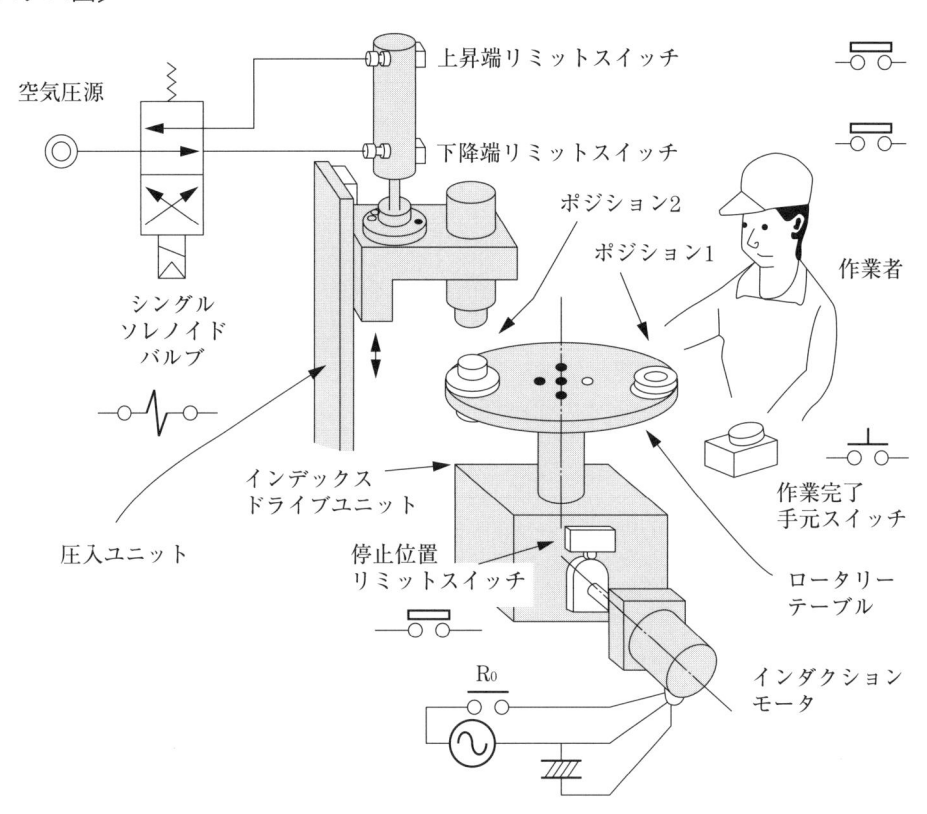

〔PLC 割付図〕

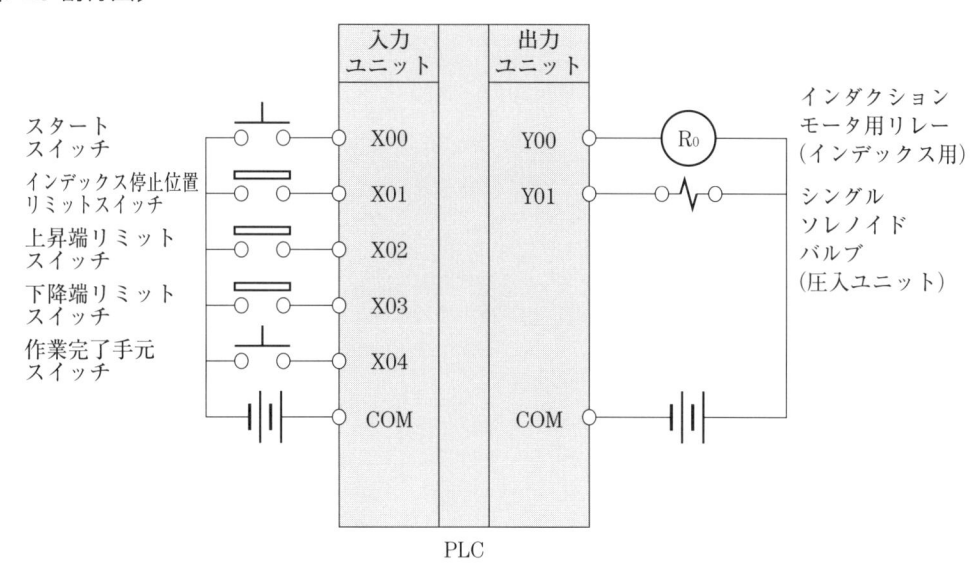

入力ユニット		出力ユニット	
スタートスイッチ	X00	Y00	インダクションモータ用リレー（インデックス用） R_0
インデックス停止位置リミットスイッチ	X01	Y01	シングルソレノイドバルブ（圧入ユニット）
上昇端リミットスイッチ	X02		
下降端リミットスイッチ	X03		
作業完了手元スイッチ	X04		
	COM	COM	

PLC

〔各部の作業と構造〕

インデックステーブルは，テーブルの下にインデックスドライブユニットがつけられていて，インダクションモータで駆動される。インダクションモータの出力軸にはインデックスドライブユニットの停止位置を示すリミットスイッチがついている。モータを1回転してこの位置で停止するとインデックステーブはちょうど180°回転して停止する。圧入ユニットは空気圧シリンダで上下する。圧入作業は，シリンダが下降端リミットスイッチまで下降したら時間待ちをしてから上昇する。

作業者は作業が完了したら手元スイッチを押してテーブルを回転する。

(a) インデックスドライブユニット 　　(b) ロータリテーブル

写真 2.1　実験システムの一部（MM 3000 シリーズ）

演習問題［2］解答例

（1）テーブル回転部

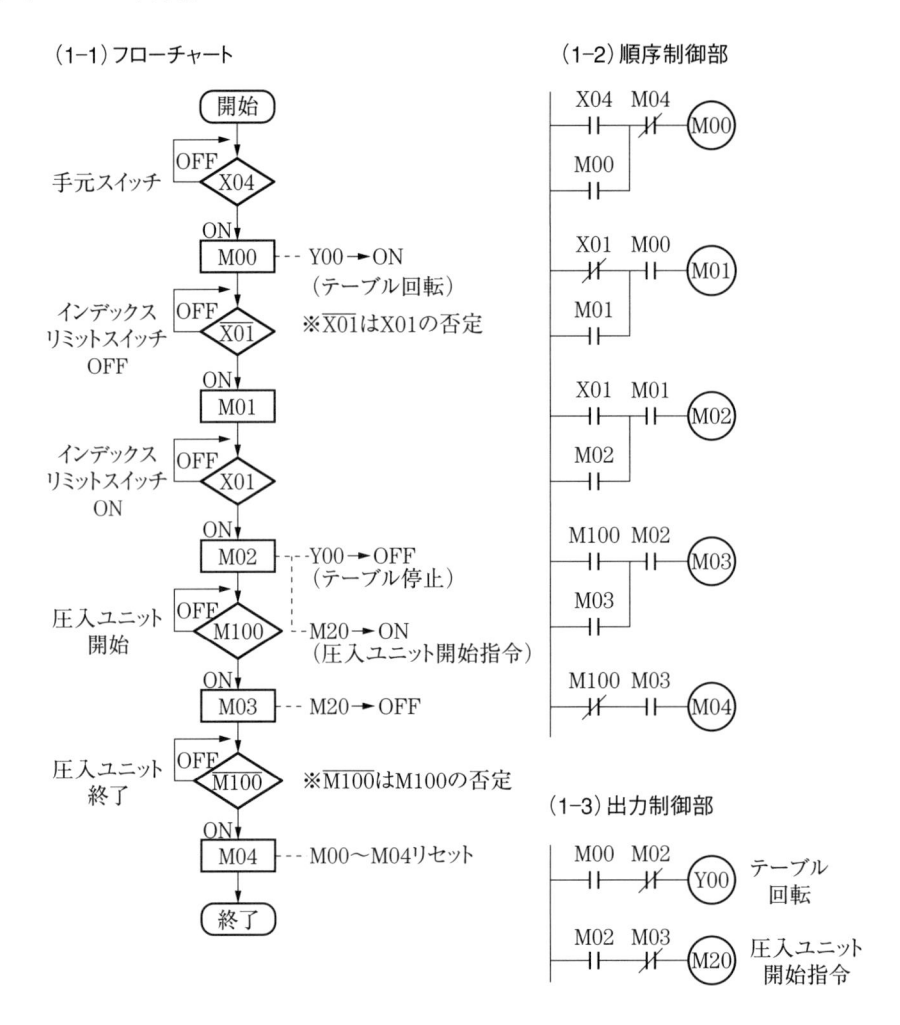

（1-1）フローチャート

開始
↓
手元スイッチ　X04　OFF→(ループ)
↓ON
M00　--- Y00→ON（テーブル回転）
↓
インデックスリミットスイッチOFF　X̄01　OFF→(ループ)　※X̄01はX01の否定
↓ON
M01
↓
インデックスリミットスイッチON　X01　OFF→(ループ)
↓ON
M02　--- Y00→OFF（テーブル停止）
↓
圧入ユニット開始　M100　OFF→(ループ)　--- M20→ON（圧入ユニット開始指令）
↓ON
M03　--- M20→OFF
↓
圧入ユニット終了　M̄100　OFF→(ループ)　※M̄100はM100の否定
↓ON
M04　--- M00〜M04リセット
↓
終了

（1-2）順序制御部

```
X04  M04
─┤├──┤/├──(M00)
  M00
─┤├─

X01  M00
─┤/├──┤├──(M01)
  M01
─┤├─

X01  M01
─┤├──┤├──(M02)
  M02
─┤├─

M100 M02
─┤├──┤├──(M03)
  M03
─┤├─

M100 M03
─┤/├──┤├──(M04)
```

（1-3）出力制御部

```
M00  M02
─┤├──┤/├──(Y00)  テーブル回転

M02  M03
─┤├──┤/├──(M20)  圧入ユニット開始指令
```

（2）圧入ユニット作業部

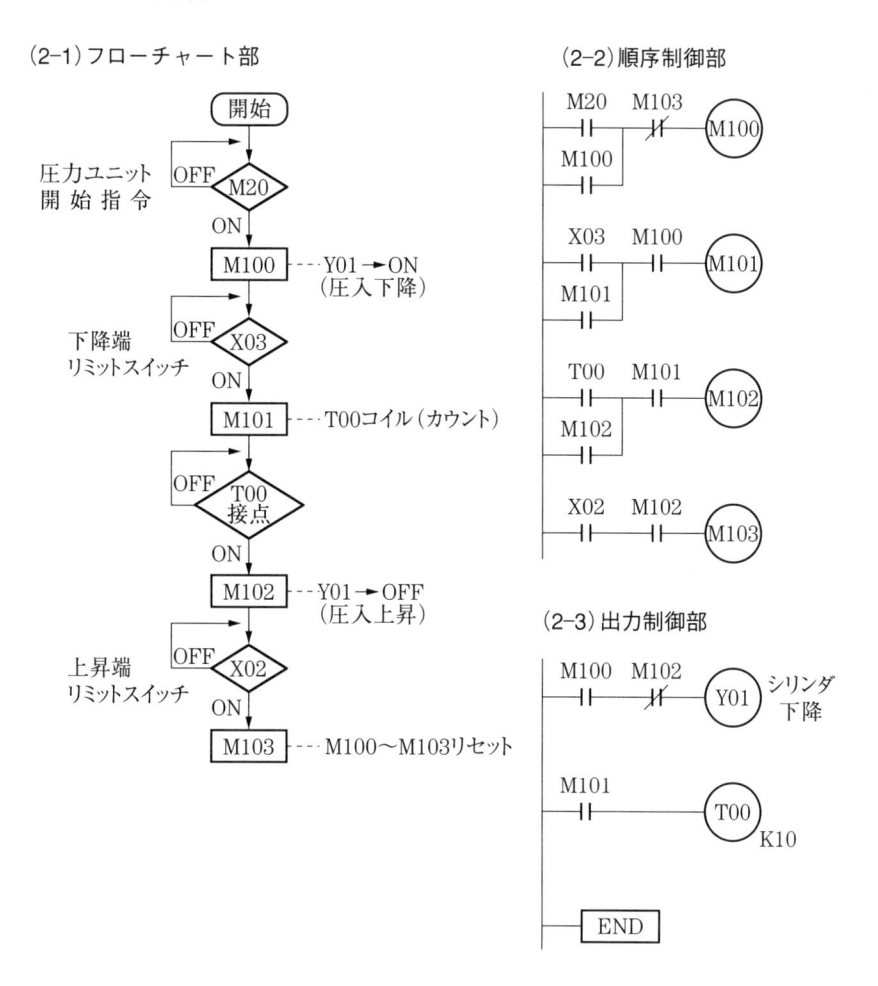

(2-1) フローチャート部

(2-2) 順序制御部

(2-3) 出力制御部

索　引

〔あ 行〕

- アナログ入力ユニット ……………… 43
- 一括出力方式 ………………………… 93
- インターロック ………………… 9, 126
- 押ボタンスイッチ …………………… 2

〔か 行〕

- 回転磁界 ……………………………… 59
- カウンタ ……………………………… 96
- カウンタ接点 ………………………… 28
- カウンタリレー ……………………… 28
- 可変絞り ……………………………… 56
- キープリレー ………………………… 129
- 機械接点 ……………………………… 8
- 逆止弁 ………………………………… 56
- 行程歩進 ……………………………… 130
- コンパレータ ………………………… 43
- コンポーネットタイプのPLC …… 18

〔さ 行〕

- シーケンサ …………………………… 15
- 自己保持回路 ……………… 7, 106, 126
- 自己保持の解除 ……………………… 107
- 絞り弁 ………………………………… 57
- 出力機器の接続状況をチェック …… 77
- 出力変化によるメカニズムの動作 … 134
- 出力ユニット ………………………… 51
- 出力リレー ……………………… 24, 93
- 常開接点 ……………………………… 3
- 状態記憶リレー番号 ………………… 134
- 状態遷移図 …………………………… 134
- 状態遷移図の流れ図表示 …………… 142
- 状態番号 ……………………………… 134
- 状態リレーがONしたときに制御する出力 …… 134
- 状態リレーをONする条件 ………… 134
- 常閉接点 ……………………………… 3

- シンクタイプ ………………………… 38
- スキャン ……………………………… 92
- スキャンタイム ……………………… 92
- ステップ番号 ………………………… 91
- スピードコントローラ ……………… 57
- 制御システムの設計の流れ ………… 68
- ソースタイプ ………………………… 38
- ソレノイドバルブ …………………… 55

〔た 行〕

- ダーリントントランジスタアレイのIC ……… 41
- タイマー ……………………………… 26
- タイマー接点 ………………………… 26
- タイマーリレー ……………………… 26
- タイミングテーブル ………………… 127
- タイムチャート ……………………… 125
- ダイレクト出力方式 ………………… 93
- ダブルソレノイドバルブ …………… 56
- 単相交流インダクションモータ …… 58
- 単相交流インダクションモータをPLCに接続する ……………………………… 60
- チェック弁 …………………………… 56
- 逐次出力方式 ………………………… 93
- 電圧出力 ……………………………… 42
- 電流出力 ……………………………… 42
- 動作の結果変化する入力 …………… 134
- トークン ……………………………… 130
- トライアックタイプの出力ユニット …… 54
- トランジション ……………………… 130
- トランジスタタイプの出力ユニット …… 54

〔な 行〕

- 内蔵電池の組込み …………………… 73
- ニーモニクの記述 …………………… 89
- ニーモニク命令 ……………………… 91
- 入出力の因果関係 …………………… 134
- 入力の接続番号をチェック ………… 76

入力ユニット ……………………………… 36
入力リレー ……………………………… 22, 93

〔は　行〕

配線 ………………………………………… 60
パッケージタイプの PLC ………………… 16
フォトカプラインターフェイス IC ……… 41
複動型の空気圧シリンダ ………………… 56
ブレース ………………………………… 130
フローチャート ………………………… 129
プログラマブルコントローラ …………… 15
プログラミングコンソール ……………… 70
プログラミングツール …………………… 71
プログラムメモリのオールクリア ……… 76
プログラムを修正する …………………… 78
ベース装着タイプの PLC ………………… 17
変位センサ ………………………………… 42
補助リレー ……………………………… 25, 93
ポテンショメータ ………………………… 42

〔ま　行〕

無接点 ……………………………………… 38
メータアウト ……………………………… 56

〔ら　行〕

ラダー図の演算順序 ……………………… 91
ラダー図を入力する方法 ………………… 77
リードスイッチ …………………………… 57
リセット命令 ……………………………… 97
リフレッシュ方式 ………………………… 93
リミットスイッチ ………………………… 8
リレー ……………………………………… 4
リレータイプの出力ユニット …………… 55
リレーの構造 ……………………………… 4

〔欧　文〕

ANB 命令 …………………………………… 91
AND LD 命令 ……………………………… 91
AND NOT 命令 …………………………… 90
AND 回路 …………………………………… 98
AND 命令 …………………………………… 90
ANI 命令 …………………………………… 90
a 接点 ……………………………………… 3
b 接点 ……………………………………… 3
CMOS ……………………………………… 40
c 接点 ……………………………………… 3
END 命令 …………………………………… 89
IC の出力 …………………………………… 40
I/O 割付け ………………………………… 31
LD NOT 命令 ……………………………… 89
LDI 命令 …………………………………… 89
LD 命令 …………………………………… 89
NC 接点 …………………………………… 3
NO 接点 …………………………………… 3
NPN トランジスタ ………………………… 38
OR LD 命令 ………………………………… 91
OR NOT 命令 ……………………………… 90
ORB 命令 …………………………………… 91
ORI 命令 …………………………………… 90
OR 回路 …………………………………… 98
OUT 絞り …………………………………… 56
OUT 命令 …………………………………… 89
PLC ………………………………………… 15
PLC に電源線を接続 ……………………… 74
PLC 入出力ユニットのリレー番号 ……… 19
PLC のカウンタ …………………………… 28
PLC の出力リレー ………………………… 23
PLC のタイマー …………………………… 26
PLC の立ち上げの準備 …………………… 73
PLC の入力リレー ………………………… 22
PLC のプログラムの長さ ………………… 91
PLC の補助リレー ………………………… 25
PNP トランジスタ ………………………… 38
RES 命令 ………………………………… 127
RST ………………………………………… 97
SET 命令 ………………………………… 127
TTL ………………………………………… 40
TTL や CMOS のインターフェイス ……… 41

―――― 著者略歴 ――――

熊谷　英樹（くまがい　ひでき）

昭和34年	東京都世田谷区に生まれる
昭和56年	慶応義塾大学工学部　電気工学科卒業
昭和58年	慶応義塾大学大学院　電気工学専攻　修了
昭和58年	住友商事㈱入社
昭和63年	㈱新興技術研究所入社
平成6年	商品開発部部長代理
平成8年	新興テクノ㈱監査役兼務
平成10年	(株)新興技術研究所商品開発部長
平成21年	(株)新興技術研究所取締役開発部長
	日本教育企画(株)　代表取締役

中小企業大学校・高等技術専門校非常勤講師，職業能力開発促進センター外部講師など

〈著書〉
"実践　自動化機構図解集"（共著）日刊工業新聞社
"続・実践　自動化機構図解集"日刊工業新聞社
"すぐに役立つVisual Basicを活用した機械制御入門"日刊工業新聞社
「オートメーション」誌
"目視検査の自動化技術" "易しいパソコンによる駆動方法"
"FAシステムへのアプローチ" "自動組立ラインの易しい実験と解説"
「機械設計」誌
"フレキシブル機構設計アイデア図集"
"易しいプログラミングの定石" "基本的な機械制御のプログラミング"
"自動化基本システムの制御のポイント" "図解プログラマブルコントローラ簡単接続法" "自動化機構で学ぶシーケンサ活用入門"
"Visual Basicを活用した機械制御入門"
"Visual Basicを活用した自動計測入門"
[(株)新興技術研究所　http://www.sa.il24.net/~serc/]

ゼロからはじめる
シーケンス制御

NDC 532.93

2001年7月30日　初版1刷発行
2024年9月30日　初版25刷発行

（定価はカバーに表示してあります）

Ⓒ著　者　熊　谷　英　樹
発行者　井　水　治　博
発行所　日　刊　工　業　新　聞　社

〒103-8548　東京都中央区日本橋小網町14-1
電話　書籍編集部　　03-5644-7490
　　　販売・管理部　03-5644-7403
　　　ＦＡＸ　　　　03-5644-7400
振替口座　00190-2-186076
URL　https://pub.nikkan.co.jp/
e-mail　info_shuppan@nikkan.tech
印刷・製本　美研プリンティング株式会社

2001 Printed in Japan

落丁・乱丁本はお取り替えいたします．
ISBN 978-4-526-04782-4　C 3054

本書の無断複写は，著作権法上での例外を除き，禁じられています．

☆日刊工業新聞社の技術図書

必携 シーケンス制御プログラム定石集
―機構図付き―

新興技術研究所 熊谷英樹 著

B5判 180頁
定価（本体2500円＋税）

内容 本書は，生産現場で良く使われるシーケンス制御を選び出し，定石集としてまとめたもの．機構図，電気回路，制御プログラムにより構成，基本制御の初級編から実用テクニックの中級編，さらにシステム構築編まで70定石を挙げた．

すぐに役立つ
Visual Basicを活用した計測制御入門

新興技術研究所 熊谷英樹 著

B5判 224頁
定価（本体3000円＋税）

初めてVisual Basicを使う人やコンピュータを計測や制御に応用したいと考えている人向けに，Visual Basicを使って自動制御計測を行うための基礎知識を学びながら，実際のシステム構築の仕方を具体的に紹介．著者が構築・運用したプロセスを順を追って解説．

実践自動化機構図解集

新興技術研究所 熊谷 卓 著

B5判 270頁
定価（本体3200円＋税）

通常よく用いられる自動化機構の実験装置を製作，それより得られたデータや使用上の注意点を集載．
〔項目〕基本システム編（構成要素　メカニズムの動特性）応用システム編（FAのための制御と動特性　ワークハンドリングと複合シーケンス制御）

続・実践自動化機構図解集
―よくわかるメカと制御―

新興技術研究所 熊谷英樹 著

B5判 256頁
定価（本体3200円＋税）

FA技術の基礎的な考え方から応用までを統括的に解説．数多くの図や実験例を数多く取り入れ解説．
〔項目〕効率化とフレキシブル生産のために　FAシステムへのアプローチ　ワークの搬送とメカニズム　フレキシブルな生産システムと品種判別　パソコンによるメカニズム制御　自動化ライン構築実験

すぐに役立つ
Visual Basicを活用した機械制御入門

新興技術研究所 熊谷英樹 著

B5判 204頁
定価（本体3000円＋税）

データ入出力の基礎からPLCやリレー制御の手法を図解で学ぶ本．各単元毎に演習を設け，理解力，応用力をチェック，現場で役立つ実力養成を図る．
〔項目〕コンピュータによるダイレクト制御入門　Visual Basicを活用した機械制御／PLC通信　他

日刊工業新聞社　ご注文は，最寄りの書店または日刊工業新聞社
出版局販売部まで（FAX. 03-3234-8504）